U0635209

罗澍伟 主编

赵永强——著

傍河话食事

天津出版传媒集团

天津教育出版社

图书在版编目（CIP）数据

傍河话食事 / 赵永强著. -- 天津：天津教育出版
社, 2022.10

（阅读天津·津渡 / 罗澍伟主编）

ISBN 978-7-5309-8880-0

Ⅰ. ①傍… Ⅱ. ①赵… Ⅲ. ①饮食 - 文化 - 介绍 - 天
津 Ⅳ. ① TS971.202.21

中国版本图书馆 CIP 数据核字 (2022) 第 156766 号

傍河话食事
BANGHE HUA SHISHI

出　　　版　天津教育出版社
出 版 人　黄　沛
地　　　址　天津市和平区西康路 35 号
邮购电话　（022）23332417

策　　　划　纪秀荣　任　洁　王轶冰　田　昕
责任编辑　田　昕
特约编辑　魏　劼
插　　　画　彭小菓
装帧设计　世纪座标　明轩文化
美术编辑　郭亚非　汤　磊

印　　　刷　天津海顺印业包装有限公司
经　　　销　新华书店
开　　　本　787 毫米 ×1092 毫米　1/32
印　　　张　5
字　　　数　60 千字
版次印次　2022 年 10 月第 1 版　2022 年 10 月第 1 次印刷
定　　　价　36.00 元

HOW TO READ TIANJIN

FERRY CROSSING

主编的话

罗澍伟

乘着凉爽的秋风，"阅读天津"系列口袋书第一辑"津渡"，翩然而至，饱含播种的艰辛和收获的喜悦。

天津，是国家历史文化名城，是一座因河而生、因海而长的城市。河与海，丰富了这座城市的历史与生命，让她既传统又时尚，既守正又包容，既质朴又浪漫，多元文化在这里相遇。一年四季，这座城市总是仪态万方、光华夺目，散发着永恒的人文魅力。

"津渡"，以上吞九水、中连百沽、下抵渤海的海河为蹊径，深情凝视这座城市的岁月过往，又经由现代价值的过滤，带领读

HOW TO READ TIANJIN
FERRY CROSSING

者重返时间洪流，感受津沽大地所存储的厚重记忆。十本图文并茂的普及性读物，涵盖了海河的历史悠久、运河的遗存丰厚、建筑的精美绝伦、桥梁的琳琅满目、洋楼的名人荟萃、工业的兴盛发达、美食的回味无穷、年画的意蕴深厚、方言的风趣幽默、文学的乡愁悠远。英国浪漫主义诗人雪莱说："历史是'时间'写在人类记忆中一首循环的诗。"认真阅读，既可以领略这座城市源远流长、群星璀璨的深层历史况味，又可以与这座城市异彩纷呈的多元文化来一场愉悦的邂逅。

"津渡"，配有一份精致的手绘长卷《海河绘》，以杨柳青木版年画特有的丹青点染，绘就一条贯穿"津城""滨城"的浩荡长河，上至永乐桥上的"天津之眼"，下达恢宏壮观的天津港；细致描摹两岸众多人文景观，组成了令人流连忘返的沽上美景。站在画前端详，可以直观感受到，水扬清波、直奔大海的海河就是整座城市的生命之源。

"津渡"，巾箱本，特别适合边走边读。漫步街巷与河畔，探寻蕴藏其中的城市文化精髓，可以得到一种满足、一种惬意、一种充实、一种厚重、一种遐思。在传统文化与现代精神的互动中，深入认识这座城市的文化创造力和当代价值追求，以及丰厚滋润的精神归宿，用阅读修养身心。

2019年1月，习近平总书记在天津视察时，作出了"要爱惜城市历史文化遗产，在保护中发展，在发展中保护"的重要指示。

"阅读天津"系列口袋书的出版，是传承发展中华优秀传统文化和守护城市文脉的生动体现，也是悠久历史文化与壮阔现实巨变的聚汇融通，更是深入贯彻习近平总书记重要指示精神的切实行动。爱惜和保护，让我们的城市敞开心扉，留住乡愁；创新和发展，让我们的城市充满生机，万象更新。

正是在这个意义上，热切期望"阅读天津"系列口袋书其他各辑，也能早日出版面世！

（主编系著名历史文化学者、天津市社会科学院研究员、天津市文史研究馆馆员）

HOW TO READ TIANJIN

FERRY CROSSING

八方美味汇津门

　　天津的饮食文化好似天津城市的发祥地三岔河口，无论是自北向南流的北运河，还是自南向北流的南运河，都要汇聚于此，涌入海河，再一路向东，奔向大海。运河水流长，沟通南北，人流物流文化流，流到天津大码头。天津的饮食文化，在自身独有的自然环境和人文环境中，造就了海纳百川、兼容并包，但又区别于周边地区的鲜明特性，以融合、洋气、实在、讲究，在北方饮食文化中独树一帜。

　　金元以降，南北运河与海河沟通，河漕海漕汇通于三岔河口，南货北运，舟楫相连，"东吴转海输粳稻""吴罂越布满街衢"。随着南方货物进入天津，南方人也随之大量涌入，以至于天津兵民竟是"一半解吴歌"，而南方的饮食习惯也因此直接影响了天津饮食文化的形成。像元代，南来的船工把烧锅酿酒技术带入天津，他们自设烧锅酿酒，以酒祭祀海神天妃妈祖娘娘，酒文化、妈祖文化融入天津饮食文化。再比如明永乐二年（1404），天津设卫筑城，卫所官兵多为南直隶人，卫官及其子弟"皆武流"，驻防天津时，过着"大酒肥肉"的生活，"日以戈矛弓矢为事……夜则游宴，列炬之外随以灯笼"。卫官及其子弟成了直沽一个新兴的高消费阶层。这里所说的"游宴"绝非一般的酒肉席面，而是指丰盛、考究的各种精致菜品。因为社会的需求，专门造酒的"沽酿家"，专门杀猪的"屠龛家"，以及"倡优人"等也出现了。同时，盐商、粮商等商贾群体，也助推了天津饮食业的兴旺，这大概就是天津商肆饮食文化的源头了。另外在漕运大军中，有一支"皖省安庆回教运输皇粮船帮"，随船的回族漕军和回族工匠也聚居天津，他们带来的回族独有的饮食文化，直接影响了天津菜的形成，最终成为天津菜的重要组成部分。

清康熙四年（1665），清廷将天津钞关从河西务迁到三岔河口南运河与北门外大街北浮桥附近，从而促进了三岔河口地区的进一步繁荣。《津门小志》记载，清末时，"本埠饭庄约五百有奇。其中最著名者，为侯家后红杏山庄、义和成两家，其次则为第一轩、三聚园，装饰之华丽，照应之周到，味兼南北，烹调精绝，大有'座中客常满，樽中酒不空'之概，下箸万钱"。此时的清真菜也已形成

规模，"熘䀹炖脑又爆腰，酿馅加沙炸尾焦。羊肉不膻刘老济，河清馆靠北浮桥"。1860年第二次鸦片战争后，天津开埠，成为北方最大的通商口岸，大批外国商人、侨民进入天津，西餐也随之进入天津。后起之秀起士林，成为天津西餐馆的代表。20世纪初，天津文人倡导健康养生，提倡素食之风在天津餐饮市场大行其道，素菜馆应运而生，"真是六根清净，素无半点尘埃"，"真是清的元素，素乃味之本真"。还有滥觞于晚清、极盛于民国初期的天津公馆菜，为天津饮食文化所接纳，并融入其中，成为不可或缺的一部分。至此，代表天津饮食文化的天津菜，已然形成完整的地方菜体系了。

运河之水，带来八方美味。如晋蹦鲤鱼之于杭帮的西湖醋鱼，贴饽饽熬小鱼之于洪泽湖渔民的小鱼锅贴，天津粘子肉之于淮扬的葵花大斩肉，煎饼馃子之于余杭巷陌中的葱包桧，嘎巴菜之于鲁西的煎饼汤，天津包子之于汴京的小笼汤包……不一而足，正如《畿辅通志》所言，天津"地当九河津要，路通七省舟车，九州万国贡赋之艘，仕官出入，商旅往来之帆樯，莫不栖泊于其境。江淮贡赋由此达，燕赵鱼盐由此给，当河海之要冲，为畿辅之门户，俨然一大都会也"。

赵永强
2022年9月

目录
CONTENTS

吃尽穿绝
天津卫

　　"吃尽穿绝天津卫"一说，不是天津人自诩，宋代大诗人陆游第二十二代孙、天津博物馆学家陆辛农先生认为"这是四乡和邻县送的一个徽号"。

纵观天津地区生态环境与历史变迁，从上古时代的地理变化，到中、下古时代的民族融合与移民徙入，抑或近现代开放带来的中西文化碰撞，无不对天津饮食文化的发展产生直接或间接的影响。兼容并包即是天津饮食文化的主流。

春秋时期，齐国过天津伐西戎，带回戎葱戎菽，天津地区得先品味。曹操平乌桓，在华北地区开三条运河，奠定了海河水系贯通的基础，方便以后屯物储粮。魏晋南北朝时，民族大融合，外

来的胡桃、胡豆、胡瓜、胡葱、胡蒜、胡麻、胡荽、胡椒、胡芹、胡萝卜，丰富了天津地区人们的餐桌。后赵皇帝石勒使王述在角飞城设场煮盐，天津地区制盐业得到发展。唐太宗李世民征辽西，在三会海口建军粮城，军旅美食风行天津。宋辽对峙时期，宋臣何承矩在界河以南利用塘砾防线开水田种植稻谷，开启天津平原地区种植水稻的历史。宋辽并存的和平时期开启的榷场贸易，使天津地区成为南北货物交易的边贸市场。金元时期南北运河开通，"吴罂越布满街衢"。明永乐年间开天津三卫，置一百四十三屯堡，军屯民种，开十字围水田，大面积种植水稻；京杭大运河的开通带动了漕运的兴旺，天津成为南北货运的集散地；围绕天津卫城开十集一市，天津已"俨然一大都会也"。商业发达推动了南北美食在天津相互交融，奠定了天津饮食风味的基础。清代盐业兴旺，使天津从过去的"苦海沿边"地区，一跃而为"遍地黄金"的宝地。富甲一方的盐商汇聚的财富也催生了奢靡之风，改变了天津淳朴安俭的风尚。到近代天津开埠，西洋风劲，西食入津，津门得西餐风气之先。近现代移民潮冲击天津城，移民们各自的饮食习惯更是南甜北咸东辣西酸皆有。由此看来，天津卫似乎是"吃尽穿绝"了。

独特的自然环境赋予天津丰富的物质资源，飞潜动静，海错山珍，百种烹调，千般风味，一生亦不能吃全。2017年，中国烹饪协会揭晓"中国地域十大名小吃"，天津馃子、天津素包、狗不理包子、耳朵眼炸糕、牛肉烧饼、花色饺子、天津馄饨、桂发祥十八街麻花、嘎巴菜、煎饼馃子十大名小吃入选。2018年，中国烹饪协会举办全国省籍地域经典名菜、主题名宴交流会活动，天津烧肉、罾蹦鲤鱼、炒青虾仁、银鱼紫蟹火锅、官烧目鱼、独面筋、扒全素、麻花鱼、红烧牛尾、煎烹大虾十大名菜，入选省籍地域经典名菜；天津满汉全席、天津全羊宴、燕翅宴、鸭翅宴、目鱼宴、天津八大碗、酥宴、面席、帅府宴、津菜品鉴宴十大宴席，入选主题名宴。这说明，天津人真的是爱吃会吃。

当下，天津在建设国际消费中心城市之际，将更加充分展现津菜风彩，重塑天津美食之都的形象。

贴饽饽熬鱼
是家的味道

　　有一段时间，贴饽饽熬鱼成了天津美食的代名词，没有吃贴饽饽熬鱼，就等于没有来过天津卫。驰名中外的天津食品街北门两侧，各有一家专营贴饽饽熬鱼的餐馆，高耸的红底黄字招牌，上书："正宗天津卫贴饽饽熬鱼一锅出。"

贴饽饽熬鱼是极具天津地方特色的大众风味美食，驰名各地。天津歇后语"贴饽饽熬鱼——一锅收（熟）"，说明其做法之简捷高效。正宗的贴饽饽熬鱼，用天津运河小麦穗鱼为主料。鱼长二寸[①]许，肠净、鳞细、刺软，十分易熟。先将新鲜的麦穗小鱼去鳞去鳃，洗净后滚干面，放入柴火灶上的尖底大锅里，用油稍煎；然后用葱、姜、蒜、大料炝锅；再下煎好的鱼，烹入面酱、腐乳、醋、糖、盐、酱油、料酒，加清水至漫过鱼。随后添柴加火，顶至开锅，压柴改小火。贴饼子是用玉米面掺上一定比例的黄豆面，加水和匀，然后用手拍成一个个长圆形牛舌状厚饼，顺铁锅内壁上方一圈贴好。盖上用高粱秆编的锅盖，大火烧十分钟后改微火煨熟煨透。贴饽饽熬鱼做成后，饽饽色泽金黄，底面焦脆，下部浸入鱼汤，鱼的鲜香与玉米面

① 寸，市制单位，1寸约等于3.3厘米。

香混合，独具美味，堪称一绝。贴饽饽熬鱼使用的是天津独有的烹调技法——家熬，熬的目的就是要将鱼本身的胶原蛋白析出来，提高汤汁的黏稠度，保持原材料的原汁原味。

有一位记者曾于1935年在《大公报》上专论天津贴饽饽熬鱼，很有见地："用玉蜀黍面或小米面和成饼样，贴于锅之四围，其锅中空隙，便熬上鱼。添薪炽火，直至饽饽成熟，而鱼亦成熟，时间空间均十分经济，这原是中下人家经济简单的饭食。因为具有特殊的风味，上等人家亦多制食。这两样

东西的妙处，是真味不失……贴饽饽熬鱼是天津不朽的特产。凡天津来的客人，很想尝试，或是虽携带眷属，不明制法，或是并无本地朋友的，愈想吃愈不能得到，愈觉这种东西真有无限神秘似的……有专卖这两样居然出名的，在日租界厚德福间壁巷内，有一家小饭馆子，没有名号……专卖贴饽饽熬鱼。但是谈到风味，却绝对比不上家里所做的美。原

因是中下人家做饭，有用柴草做燃料的，火候比较煤火周到。住居天津的客籍，假使要试做贴饽饽熬鱼，不但应该知道火候，又关于'饽饽'原料，亦须以棒子面拌豆面，鱼须小鱼为佳，这几个条件，可惜一般以此营业的，都不注意，因而风味更不能美妙。"

如今，贴饽饽熬鱼被端上宾馆饭店的宴席。做此菜也有用白鳞软刺的小鲫鱼代替小麦穗鱼的，亦不失为佳品。应时到节的鲫头鱼与贴饽饽为伴，平添不少鲜味，可若将大条河鱼、海鱼切割后混于一锅，名曰"一锅出"，虽也美味，但终究与河岸炊烟的平民味道相去甚远了。

纪昀闲话
吃河豚

　　清代大学士纪晓岚是直隶河间
府献县人，献县去天津不远，所以
纪晓岚对天津非常熟悉，他说"河
豚唯天津至多，土人食之如园蔬"，
春吃河豚为寻常事。纪晓岚在天津

的亲戚还告诉他一个小笑话："有一人嗜河豚，卒中毒死，死后见梦于妻子曰，'祀我何不以河豚耶？'此真死而无悔也。"由此，纪大学士劝诫天津人"不必家家皆善烹治也"。

的确，古时天津近海，盛产的河豚较之其他地区肥美。《天津县志》记载："河豚脊血及子有毒，其白为西施乳，三月间出，味为海错之冠。"河豚体内含有毒性很强的生物碱，在生殖季节毒性巨大，且雌性之毒大于雄性。河豚毒素是目前自然界中所发现的毒性较大的神经毒素之一，其对肠道有局部刺激作用，被人体吸收后会迅速作用于神经末梢和神经中枢，从而引起人神经麻痹而致死。对于敢吃会吃的天津人来说，此毒又有何惧？照样能烹出人间至味。清代诗人崔旭撰《津门百咏》中有："清明上冢到津门，野苣堆盘酒满樽。值得东坡甘一死，大家拼命吃河豚。"并注云："苣荬菜解河豚毒，必以佐食。"苣荬菜就是苣荬菜，全草可入药，其性苦寒，有清热解毒、利湿排脓、凉血止血的功效，用以佐餐河豚，可以降解吃河豚后遗留的余毒。同时清代诗人周宝善也赋《津门竹枝词》说："岂有河豚能毒人，蒌蒿苣荬佐佳珍。值那一死西施乳，当日坡仙要殉身。"诗中也提到解河豚毒的苣荬菜，还提到另一佐餐植物"蒌蒿"。"坡仙"即苏东坡，苏学士诗词无两，食味知味，自然知道河豚味美，有诗云："蒌蒿满地芦芽短，正是河豚欲上时。"蒌蒿，即中药之茵陈，春季采收的习称"绵茵陈"，有清热利湿、利胆退黄的功效，适合"佐佳珍"河豚。

河豚除最具毒性的鱼皮、鱼血、鱼脾外，其余皆是美味，尤以鱼白为最。天津传统名菜中不乏清蒸、白烩、软熘等烹制方法，但最有特色的是色、香、味、形、名俱佳的"胭脂西施乳"，即"独鱼白"。胭脂西施乳主料是河豚鱼白，副料是青果、苦菜。做此菜，先将鱼白洗净，蘸精盐、白矾末，以手轻轻搓抓，除去黏性；洗净后，剪去连结鱼白之间的血线，用凉水浸泡；青果一剖两半，去核，切成片；苦菜去根洗净切寸段，一部分与芝麻酱、芝麻油、白糖拌匀盛盘，另一部分与芝麻酱、酱油、甜面酱、醋拌好装盆。鱼白盛碗，加料酒、葱段、姜片、大料，上屉蒸熟；旺火坐炒勺，打鸡油，将大料炸香，炝葱丝、姜丝、蒜片，烹料酒、酱油，打入高汤，加白糖，放糖色，下鱼白、青果，大火烧开，小火燽汤收汁，勾芡，淋花椒油，出勺，装盘，随带两个苦菜碟上桌佐餐。这道胭脂西施乳，鱼白色泽通红似胭脂，质地肥腻细嫩，口感独异，清香扑鼻。

人间至味
金眼银鱼

历金、元、明三代，天津都出产银鱼，主要产地在宝坻。史载南宋周麟之使金，受到金主完颜亮赏识，赐其御宴，宴上"银鱼长尺余，比南方者尤大"。《明史》中有记载称："宝坻银鱼厂，永乐时设，穆宗时，止令估直备庙祀上供。"银鱼进贡朝廷，一则为"备庙祀上供"，另一则也为满足皇亲贵族口腹之欲。专门记述明代宫廷事迹的《酌中志》也有记载："十二月初一日起……炸银鱼等鱼"，正月"灯市至十六日更盛……斯时所尚珍味，则冬笋、银鱼……不可胜计"。由此可见，对于皇家贵族来讲，银鱼是冬季食用之珍品。

宝坻银鱼天下闻名，银鱼成了冬季馈赠、待客的时尚之礼。《金瓶梅词话》中提到，玉皇庙吴道官让徒弟送人四盒礼物，其中便有银鱼一盒。就连明代才子徐渭也不免俗，曾赋诗赞叹："宝坻银鱼天下闻，瓦窑青脊始闻君。烦君自入蓑衣伴，尽我青钱买二斤。"

宝坻银鱼学名"安氏新银鱼"，是渤海湾特产。每年秋末冬初时节，在近海岸边咸水中生长至七寸多长、二两①余重、鲜肥满籽的银鱼，成群结队逆流进入蓟运河产卵，薄冰初覆时最为肥美，正是渔民收获之时。夏雾淀是银鱼产子的主要聚集区，因此也成为银鱼的重要产地，以至于"夏雾银鲜"在明代被称作宝坻的八大胜景之一。"夏雾"即今下坞庄，位于滨海新区汉沽大田镇。银鱼名贵，得之不易，

---

① 两，市制单位，1两等于50克。

清代举人关上谋作《北塘捕鱼辞》："银鱼肥白是冬天，凿破层冰出水鲜。寄语衔杯应细嚼，许多辛苦到尊前。"

清代文献记载："鱼类多常品，唯银鱼为特产，严冬水冱，游集于三岔河中，伐冰施网而得之，莹清澈骨，其味清鲜，非他方产者所能比，唯过时即绝。"据说，三岔河口一带的银鱼体型细长，头部平扁，口部较大，背鳍和脂鳍各有一翅，鱼体光滑透明无鳞，蜡白如玉，肉嫩刺软，腹内纯净不见脏腑，眼圈为金色，最为珍贵。出售时，这种金眼银鱼雌雄配对，用青麻叶白菜的叶子衬托，白绿分明，若有一股黄瓜的清香。天津卫俗话称："两条银鱼

一锅汤，一家汆银鱼，百家闻着香。"银鱼为人间至味，天津诗人赋诗大赞曰："银鱼绍酒纳于鬵，味似黄瓜趁做汤。玉眼何如金眼贵，海河不如卫河强。"另有清人崔旭写道："一湾卫水好家居，出网冰鲜玉不如。正是雪寒霜冻候，品盘新味荐银鱼。"

每当银鱼上市之时，天津各大饭庄都要以银鱼为主打菜肴，以飨食客。天津传统菜中，以银鱼为食材的名馔有白汁银鱼、高丽银鱼、朱砂银鱼、翠衣裹银等。银鱼，当之无愧为"冬令四珍"之一。

极品河蟹
油盖肥

　　天津人吃河蟹讲究"七尖八团"
的肥美，所谓"七尖"是指农历七
月里的尖脐雄蟹，"八团"是指中秋
节前后的团（圆）脐雌蟹。有诗曾
道："尖团手擘满油黄，味比三春海

蟹强。晚食菊花锅最好，暮秋天气趁新霜。"
清朝和民国时期，天津西郊、南郊都有大
量的沼泽地，南郊有大片的水稻田，适宜
河蟹繁殖生长。每逢此时，"卫嘴子"们便
动员起来，下蟹篓，拉河网，下捯子。何
为"捯子"？就是一种专门捕蟹的工具，
是在专用的网绳上放置诱饵，引诱河蟹顺

绳往上爬。旧时在天津北运河最南端，有一家面粉厂，因其倾倒的废水营养丰富，这一带生长的河蟹个头大、肉质鲜，异于别处。在此捕蟹，只能用捯子。能被捯子拉上来的，都是个大体壮、最为肥美的河蟹，重量均在半斤①左右，天津人称之为"河捯子"，是河蟹中最为名贵的品种，价格自然也不菲。

现在，天津河蟹的主产地是宁河区的七里海。此地芦苇丛生，水系发达，连通潮白河、蓟运河。这一地区的河蟹，在潮白河入海口繁殖，稍长即溯流进入七里海，以芦苇根茎和小鱼小虾为食，个大体健，膏满黄肥，蟹肉细甜。若架柴火烤食，无论尖团，经柴火炙烤，蟹盖与脐口处涨裂呲开，膏黄几近溢出。打开蟹盖，内里软盖完整，稍一用力，便与外层硬盖脱离。圆脐蟹黄饱满完整，软硬适中，香气扑鼻，入口直冲头顶；长脐蟹油似一团白膏，清香异常，入口直入七窍，且膏团细腻，齿

① 斤，市制单位，1斤等于500克。

颊留芳，令人终生难忘。不知江南大闸蟹，较之此味如何？

河蟹为百味之王，素有"一蟹压百味"之赞。天津菜中以河蟹为食材的名馔众多，烹蟹腿、混炒蟹肉、清炒和生炒全蟹、炸蟹盖、清蒸蟹黄、熘蟹黄、雪衣蟹黄、散花蟹黄、宁河醉蟹等。"河蟹汤面"还被列入区级非物质文化遗产名录。

河蟹在生长过程中，需要蜕皮壳数次，一般在农历六月间完成最后一次蜕皮，新壳软薄如纸，天津人俗称"油盖"。此时的小河蟹尚不具备自我保护和觅食的能力，于是它们就在体内储备了丰富的营养，提前挖好洞穴栖身藏匿。油盖螃蟹外观呈半透明的淡青色，体内十分洁净，蟹肉蟹腔皆可食，鲜美异常，心急尝鲜的人会在此时掏蟹窝取"油盖"，以此为原料烹制的天津名菜有雪衣油盖、蛋糕油盖、熘油盖、炸油盖等。

最具天津民间特色的油盖菜是"油盖茄子"。先将茄子去柄去皮，切成薄片，用油煸炒至老黄色；蒜末爆香，烹料酒、酱油；油盖另锅煸炒，烹调料汤汁，然后一并熘在茄子上，撒蒜末、姜末即成。茄子软糯不糜，油盖鲜香四溢，茄子独有的香气与油盖的鲜味复合，让这道菜味美饴厚，余香绵绵，与油润香甜的稻米饭相配，更是绝顶美味。

天津卫的
大小海鲜

　　天津地理位置优越，坐拥山河湖海泉。特别是渤海湾，自古以来盛产海鲜，《津门杂记》载："津沽出产，海物俱全，味美而价廉。"吃鱼吃虾，天津为家。天津人吃海鲜讲究应时到节，什么季节吃什么海货，且大小海鲜尽收盘中，像三伏天吃大海鲜比目鱼，初春则吃小海鲜面条鱼。

天津人称比目鱼为"鳎目",其学名半滑舌鳎,属鲽形目、舌鳎科、舌鳎属。因其眼睛长在同侧,似互比相争,人们也呼为"比目鱼"。在天津,三斤以上的比目鱼为"鳎目",归属大海鲜类;三斤以下称"鳎目皮",半斤以下为"鳎目尖"或"峰尖"。每到三伏盛夏,天津各大饭庄纷纷亮出看家菜,红烧目鱼头、清蒸目鱼段、炸目鱼条、白蹦目鱼丁、油爆目鱼花、侉炖目鱼、煎转目鱼等。民间传说乾隆皇帝多次南巡、东巡,有十次途经天津,地方官为了邀宠,屡屡奏请皇上批准修建行宫,怎奈乾隆帝不准。但皇上驻跸之地不可随意安排,地方官便选北城门西的万寿宫供皇上歇息。这里距离当时天津的商业中心大胡同北大关估衣街很近,最具盛名的餐饮名馆"八大成"都集中在这里。地方官府指派"八大成"的头牌聚庆成饭庄供奉御膳。其中烧目鱼条颇得乾隆帝青睐，遂召见厨师，赏五品顶戴花翎，赐黄马褂。穿黄马褂的都是官，穿黄马褂的厨师掌勺烧制的佳肴自是"官烧"。自此，"官烧目鱼条"因冠以"官"字而驰名津门，成为天津菜的代表作。这道传统名菜以比目鱼为主料，去皮去刺，切成四厘米长、一点五厘米宽的长方条，用姜汁、料酒腌渍十分钟，裹鸡蛋与淀粉、盐调和成的喇嘛糊，下七成热油锅炸；葱丝、姜丝、蒜片爆香，配冬笋、黄瓜、木耳为辅料。鱼条金黄悦目，辅料白、绿、黑三色点缀其间。菜品色泽明亮，外酥脆里细嫩，汁包主料，口感咸甜略酸，令食客大快朵颐。

面鱼，别名面条鱼，无鳞，无骨，呈粉白肉色，两三寸长，属于小海鲜，盛产于渤海湾天津北塘口，只在农历二月中上市十来天，其余时间便骨硬眼坚，口感逊色许多，价格也会落下几倍，可谓季节性极强。《天津竹枝词》赞曰："玉钗忽讶落金波，

细似银鱼味似鲨；三月中旬应减价，大家摊食面鱼托。"面鱼常见菜式除鸡蛋面鱼托外，还有面条鱼炒香椿、软炸面条鱼、清炒面条鱼等。

　　天津民间也流传着一个乾隆避雨渔家吃面鱼的故事，传说乾隆驻跸天津的大沽，到海边看渔家捕鱼。当时万里晴空，波澜不惊，一郑姓渔翁回港登岸，乾隆上前打问，大好天气，为何收网？渔翁指指天上三道光芒，说大雨将至，并且邀请乾隆随其回家避雨。大家刚进渔翁家门，雷雨便大作，越下越大。渔翁请乾隆留饭，其中便有一道面鱼，为乾隆生平所未见，品尝之下，觉鲜美无比，大加赞赏。乾隆遂脱下内衬龙袍相送。渔翁一见大惊，赶忙叩首请罪。乾隆念其诚厚，又赐"海滨逸叟"匾文。

津沽味美
黄花鱼

天津的东边紧挨着渤海，长长的海岸线，南起歧口，北至涧河口，共有 153 千米。由湿地、潮间浅滩、水下浅滩依次排列的海岸之地层层向大海递进。渤海湾的西岸，水浅底平，距岸几百米的大海中，水深只有三五米。

如此宽阔平坦的沿海水下岸坡，水位浅，水温高、透明度好，营养丰富，可以说是鱼儿生长的天然乐园。

　　天津的海产鱼类大概有一百五十种左右。清代天津诗人于扬献在《津门食品诗序》中曾说："津邑濒海，号鱼米之乡，鳞介鲜肥，四时继美，允足脍炙人口。"天津文人张焘在《津门杂记》中也有描述："津沽出产，海物俱全，味美而价廉。春月最著者，有蚬蛏、河豚、海蟹等类。秋令螃蟹肥美甲天下，冬令则铁雀、银鱼驰名远近……而青鲫白虾四季不绝，鲜腴无比。"这两段记载都十分明确地说出，天津的鱼虾等水产品和海产品不仅味道鲜美，而且四季不断，天津的百姓随时都有应时当令的水产海鲜一饱口福。而在这些鱼虾海产中，无论是评味道还是数名气，黄花鱼都当属其中的佼佼者。每年农历三月，正当清明、谷雨前后，黄花鱼由黄海南部北上，洄游到渤海湾觅食、产卵。这时候，海河河口附近，黄花鱼成群结队，形成渔汛。

此时的黄花鱼，腹部鳞片金黄，鲜亮整齐，满腹鱼子，每条差不多都能到一斤以上，正是肉嫩味鲜的时候，因此是黄花鱼上市的季节。在天津，说到吃黄花鱼，家家户户能吃出百种花样来，烹熘煎炸自不在话下，酸辣咸鲜也是各有千秋。

黄花鱼不但满足了"卫嘴子"的口福，就连京城首善之区，人们也是趋之若鹜，不甘落后。明清以来，河口花鱼，即天津产的黄花鱼被列为贡品。《燕京岁时记》中记载："京师三月有黄花鱼，即石首鱼。初次到京时，由崇文门监督呈进，否则为私货，虽有挟带而来者，不敢私卖也。"可见，黄花鱼作为贡品，管理是颇为严格的。黄花鱼进了京城，先得给皇帝尝鲜，然后才能轮到普通百姓，此正所谓

上有所好，下必甚焉。《清稗类钞》中记载了这样一件趣事："黄花鱼亦名花鱼，每岁三月初，自天津运至京师。崇文门税局必先进御，然后市中始得售卖。酒楼得之，居为奇货；居民饫之，视为奇鲜。虽浙江人士在京师者，亦食而甘之。虽已馁而有恶臭，亦必诩而赞之曰'佳'，谓今日吃黄花鱼也。"因为皇帝和达官贵人都爱吃黄花鱼，说它鲜美可口，所以即使放得不那么新鲜了，也依然不妨碍有人拿"吃黄花鱼"作为吹牛的资本。

据说吃遍天下的乾隆皇帝，巡游江南时，路过天津大沽河口，看到渔民网获黄花鱼的场景，感叹道："黄花逐浪白如雪，银丝千斤不值钱。"《都门杂咏》中也有诗咏道："黄花尺半压纱厨，才是河鲜入市初。一尾千钱作豪举，家家弹铗餍烹鱼。"曾经，在京城吃到来自天津的黄花鱼也是一种时尚。

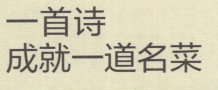

一首诗
成就一道名菜

陆文郁先生（1887—1974），字辛农，号老辛，天津人，著名博物馆学家、画家、书法家。他一生著述颇丰，《食事杂谈》《食事杂诗》《食事杂诗辑补续》《津门食单》等，记录了清末民初天津的饮食文化，其一首《咏曾蹦鲤鱼》诗，将一道天津名菜的林林总总备述翔实，流传至今，诗曰："北箔南罧百世渔，东西淀说海神居。名传白洋第一鲤，烹做津沽曾蹦鱼。"诗后又有解说，讲了"曾蹦鲤鱼"的来历。1900 年，八国联军侵占天津，纵兵行抢。流氓地痞趁火打劫，来天一坊大吃大喝。叫菜时，误将"青虾炸蹦两吃"呼为"曾蹦鱼"。侍者纠正，叫菜人恼羞成怒，欲要闹事。照应人（主持饭庄服务的"堂头"）和劝，告说有此菜，并言侍者新来不知，让其速去告灶上。灶上人正惊讶，照应人急入，使择大活鲤鱼，宰杀去脏留鳞，沸油速炸，捞出盛盘浇汁，全尾乍鳞，脆嫩香美，从此乃有此菜。在天津传统名菜中，来历有如此确切记载的，只此一味，就是在全国名菜中，也不多见。

罾蹦鲤鱼烹制以带鳞活鲤鱼炸熘而成，无论是原材料的选择，还是炸鱼的火候掌握，都相当讲究。烹制此菜要采用"两勺"活，即一只铁勺做热油炸鱼：将鲤鱼去鳃，保留鱼鳞、鱼鳍，顺腹部中间开膛，去内脏、腹内黑膜；紧贴中梁大刺两侧砍断软刺，再在大刺中间剁两刀，在头底部劈一刀（鱼头顶部不能断开，保持皮肉完整）；将鱼头和鱼腹向两侧敞开，一手提鱼头，一手提鱼尾，然后再将鱼背朝下，左右活动着下入热油锅，使鱼鳞乍起呈碗状，待炸至头骨发酥后捞出，伏卧盘中。另一铁勺勾兑糖醋卤汁：铁勺置旺火上，放花生油，烧至七成热，下葱丝、姜丝、蒜片爆香；放入白糖、精盐、料酒、姜汁、老醋、

肉清汤，待汤沸，用湿淀粉勾薄芡，淋入花椒油，盛入小碗。两勺同时进行，同时端上餐桌，在顾客面前将热卤汁浇在热鱼身上。标准的罾蹦鲤鱼端上餐桌时，要鱼鳞微乍，鱼形如同在罾网中挣扎摆尾，待趁热浇以滚烫的卤汁，瞬间热气蒸腾，香味四溢。这道菜的特色是鱼肉脆嫩鲜美，鱼鳞鱼皮酥脆，大酸大甜，鱼香扑鼻。

罾蹦鲤鱼为天津独创，且只天津菜馆烹制，走出天津，恐怕就无从享受此味了。到天津菜馆宴客，稍微了解天津菜的食客都要点罾蹦鲤鱼。

　　2018年9月10日，中国烹饪协会在河南省郑州市举办了向世界发布"中国菜"活动暨全国省籍地域经典名菜、主题名宴交流会。大会公布了天津十大经典名菜，罾蹦鲤鱼名列其中。可以说，是陆文郁的名诗让天津传统名菜罾蹦鲤鱼名扬天下。

口酽味正
茉莉花茶

天津人坚信喝茶可以提精神、助消化，甚至有"萝卜就热茶，气得大夫满地爬"的俗语，似乎喝茶可以包治百病。普通民众大多没有"睡起茶香清沁骨，又凭曲槛听流莺"的闲情逸致，他们要起早做工，养家糊口。为了打起精神，准备一天的奋斗，天津人逐渐养成了一日三道茶的习惯，以致成了人生的信条，并总结成民谣：早茶一盅，一天威风；午茶一盅，劳动轻松；晚茶一盅，提神祛痛。无论暑夏寒冬，天津人喝茶一定要喝热茶，黎明即起，壶中放一把茶叶，拎到水铺（专门卖热水的小铺）沏茶，一壶热茶下肚，精神抖擞了，再去吃早点；中午小睡，起来再沏一壶热茶，茶浓口酽，消食解腻；晚上酒足饭饱，沏上一壶热茶，切几片青萝卜，顺气散郁，有助睡眠。

家家户户都备有茶壶茶罐。茶

壶或青瓷或紫砂，不一而足，外面一定要
有手工缝制的壶套。冬天得配棉壶套，有
条件的请木工师傅专门打制花梨木的茶壶
盒子，既卫生又保温。壶套上或丝绣或雕
刻鸳鸯戏水、小荷初露、万寿无疆等图案，
俱显艺术之美。富裕的家庭用景德镇青花
瓷茶罐，一般家庭则是用锡铸茶罐或铁皮
印花茶罐。茶罐与茶壶并排摆放在堂屋迎
门的条案上。

亲朋好友来访，待客时要沏新茶。取茶不可用手去捏，要倒在茶筒盖上再入壶；敬茶时要稍弯腰，双手奉上，切忌手触茶杯口，时时注意给客人续热茶，以免有"人走茶凉"的怠慢之嫌。倒茶续茶只能七分满，不可违背"酒要斟满茶要倒浅"的民间俗例。摆放茶壶，壶嘴不得对着客人，否则便为失敬。有条件的家庭还备有京八件或茶食，供主客喝茶时食用。

天津居九河下梢，水系发达，但水杂质硬，不适合冲泡像绿茶这样的鲜茶，因此天津人常喝的多是花茶。喝花茶讲求茶汤红亮，花香扑鼻。正兴德茶庄便迎合天津人的喝茶习惯，每年从浙江、福建、安徽等地采购茶叶和茉莉花，精心窨制，制成的茉莉花茶有吃口，茶汤耐泡，花香浓厚。其成茶的行业等级标准是：最高为"奇鲜厚"（味道奇，又鲜又厚），其次为"鲜厚"，三等为"厚"（有底味而不鲜），四等为"鲜"（只是味好但不耐冲），最下为"疲"（疲软无香）。老百姓的评判标准就是无论花茶档次高低，冲泡到底均不变色，是为首选。天津人常以喝正兴德花茶为荣，以此彰显自己的品味。

天津地区的茶文化，从窨制到冲泡，从品茗场所到饮茶礼仪，从诗人的清雅之茶到大众的日常之茶，已经渗透在人们生活的各个层面。

天津美酒
出直沽

过去，天津人喝酒首选直沽高粱，犹如北京人之钟爱二锅头。

天津地区的酿酒业始于元代。"天妃庙对直沽开，津鼓连船柳下催。酾酒未终舟子报，桅楼黄蝶早飞来。"此诗描述的即是漕工抵达直沽后，在天妃庙前以酒行祀的风俗。南来的漕工要用酒祭祀海神天妃妈祖娘娘，便取大直沽后街的优质小溪之水，自设烧锅酿酒。先是自给自足，后是余酒出售。天津酿酒业，自此开创。大直沽在明永乐年间建村，村里三千户居民中，有一半以酿酒为生，于是乎"人马过直沽，酒闻十里香"。

进入清代，直沽酿造高粱烧锅酒，从质量到产量都有质的飞跃。何谓"烧锅"？烧锅造酒实际上就是早期的蒸馏酿酒技术。因为造酒时必须挖坑垒灶，利用烧火加热锅中的水进行蒸馏，所以过去人们把造酒称为"烧锅"，而利用烧锅制造的酒自然就被称为"烧酒"了。直沽烧酒工艺较前代更加考究，要经过洗料、前净、后净、采曲、发酵、加气、头淋、二淋、三淋九道工序。酒酿成后，还有一道深埋地下的工序，即将酒灌入酒坛，加锡盖密封，存放一至三年后才能上市。到发酵这一步骤为止，考验的都是酿酒师傅的经验和技术。过去酒厂一般没有发酵池，大多将酒曲放入大缸中发酵，一个烧锅酒厂同时拥有几百口大缸并不稀奇。日久天长，大缸有了裂缝，发酵的酒浆原液从裂缝渗入地下，竟使村庄周围的水源都带上了浓郁的酒香。

直沽烧酒采用的是生长在御河、西河两岸的优质红高粱为原料，经过精工细作，最后才能酿成酒性柔和、烈度适中、味道可口的绝世佳酿。

天津直沽不仅高粱酒名满天下，还有露酒系列也称佳酿，为津门父老、各方酒人称道。"色媚如梅，清香凝玉，香露四射，芳氲不绝"，赞的就是天津玫瑰露酒。酿制玫瑰露需在夏秋之交，专门采摘华北、西北海拔 800 米以上山腰上的野生玫瑰。因气候凉爽湿润，日照时间长，这种野生玫瑰积累的营养成分极高。采摘后，将花洗净，拌以高粱酒封存于大瓮中备用，玫瑰浸于高粱酒中，花中的精华与高粱酒有机融合，使玫瑰香味更加醇厚。酿造蒸馏时按照一定比例将浸泡玫瑰花的酒与白酒混置于铜制大蒸馏器中，得酒在 95° 以上，称"玫瑰母子"。将"母子"兑以冰糖水降至标准酒度，即制成玫瑰花香浓郁的玫瑰露酒，单是一闻就足以令饮者陶醉于天然花香之中了。除了玫瑰露，其他露酒如佛手白莲、茵陈、桂花等，制作方法亦如之。

此外，天津药酒亦有盛名。药酒的酿制是严格按照五加皮酒与史国公酒的处方配制，将药材细切后用纱布包好，浸于定量白酒中封存，待贮存期满药性充分溶解后即成。酒助诗性，诗赞酒香："茵陈玫瑰五加皮，酒性都从药性移。还是高粱滋味厚，寒宵斟酌最相宜。"

独流老醋香
焖鱼刺软酥

"一滴独流醋，十里运河香。"清嘉庆年间，顺运河而来的浙江诗人沈涛闻醋味熏然，慨然赋诗云："独流砦口桃花醋，怕触心酸不敢尝。"独流古镇酿醋业兴旺，天津市档案馆所存清光绪三十二年（1906）独流镇商业字号中，就有山立、天立等13个醋作坊印章。创立于清康熙三年（1665）的王氏山立酱醋园规模最大，年产量三四百吨。山立的食醋沿运河往南销到山东临清道口、济宁等地，往北销到北京皇城内和天津卫，最后一代东家是王文超。后来由山立析分出来的天立独流老醋盛行至今，成为中华老字号。独流古镇也因此获得"醋乡"之誉。

　　制醋与酿酒相仿，水的好坏决定醋的品质。制醋人都懂得"食醋好不好，用水最重要"。独流古镇地处南运河边，黑龙港河、大清河、子牙河与南运河在此交汇。独流地区的水层中，富含铁、钾、钴、钙等二十多种矿物质，尤以微量元素钾的含量最为丰富，造就了独流老醋与众不同的风味。传统手工技艺制醋，以优质的元米（黄米）、高粱为主要原料，小麦、大麦、豌豆制成优质大曲为糖化发酵剂，经过蒸煮、酒精发酵、醋酸发酵、陈酿、淋醋等14道工序，历时三年酿造而成，风味甘美、口感醇厚、入口软绵、酸而回甜，且香气经久，绵绵不绝。特别是经三伏天翻晒制成的有特殊香味的"三伏老醋"，更是醋中精品。

美好的食物总有美好的故事相伴。民间传说，清乾隆四十五年（1780），乾隆皇帝南巡，沿南运河行至独流时，农民把自酿的醋进献于乾隆，乾隆尝后赞叹不已，将它列入御膳调味品的清单，从此独流老醋成为贡品。清朝末代皇帝溥仪的弟弟、著名书法家爱新觉罗·溥佐先生为其题词："独流老醋，宫廷贡品；传统风味，远近驰名。"

因独流老醋风味绝佳，还造就了一款天津美食"曹三焖鱼"，深为津门百姓喜爱。清朝末年，独流镇的曹国章，人称曹三，特选南运河里的鲫鱼，去鳞去内脏，以热油炸成金黄色；葱、姜、蒜、大料炝锅，烹入独流老醋、料酒、酱油、盐、糖等调料，加入高汤，把煎炸好的小鲫鱼推入锅里，大火烧开，再改文火焖制四小时，做成的独流焖酥鱼色泽酱红，鱼形整齐，肉面骨酥，味道酸甜略咸，后味绵长，开胃不腻。再挑剔的食客品尝后，也无不为这道吃鱼不用吐刺的美味所折服。据说，当时曹锟吃了这道曹三焖鱼后，对这道菜的烹饪手艺大加赞赏。这位出生于天津大沽海口，捕鱼贩鱼出身，后来当上民国大总统的"曹大人"，可是吃鱼的行家。他称赞曹三焖鱼是鱼馔极品，想必是天下至味。于是乎，坊间盛传曹三的当家亲戚做了大总统，专门到独流品尝曹三的焖鱼，还赏了数百大洋。一传十，十传百，独流焖鱼也与独流老醋一样，声名远播了。

小站沃野
稻花香

　　自古以来，天津地区不乏军屯民垦成果卓著的先例。宋之何承矩，元之"汉军""色目亲军"，明代更是有名将能臣导水兴田，硕果累累。清初蓝理于城南开垦稻田，清中期有陈仪修复十字围田，还收获了名品"葛沽稻"。但"前人锐意兴治水利，亦旋修旋废，为时不久"，认识到这一点，清末的周盛传吸取教训，于小站屯垦种植，创造出"小站稻"的奇迹。

清同治十年（1871），淮军天津镇总兵周盛传率盛字军屯卫畿辅，驻师青县马厂。同治十二年（1873），周盛传主持建造大沽口炮台和海河南岸的新城。当时马厂至新城一线，"荒旷百余里，积潦纵横，水不可舟，陆不可涉"。为便于军队通行，盛字军将士披荆斩棘，在沼泽荒野上修筑了长70千米、"高出平地数尺"的马新大道（马厂至新城），并沿途设置了"大站四，小站十一，以利往来"。在筑路的过程中，周盛传对大道周边的气候环境、地形地貌、土壤土质、水利资源有了非常详细的了解，为日后大规模营田打下基础。

清光绪元年（1875），周盛传率马步十三营由马厂移驻小站，扎营18座，开始了"盛军营田"。为保证营田成功，周先后两次上书李鸿章，禀陈前人营田得失，提出天津营田的新思路。

从清光绪二年至五年（1876—1879），盛字军以新农镇为中心，在咸水沽、新城、泥沽一带连续开挖引河，修桥建闸。从而形成了以小站（即新农镇）为中心的垦区，这片垦区东至新城，西至西小站，北达海河，南部则到中堂洼等洼淀区。清光绪六年（1880），从静海的靳官屯开挖减河65里，接上屯田减河。光绪七年（1881），又将减河统一拓宽至十丈①，至此马厂减河全线贯通。垦区之内沟洫汊河纵横交错，引甜水灌溉，排咸水刷

---

① 丈，市制单位，1丈约等于3.33米。

碱，渠系分明，桥闸涵洞配套齐备，以小站为中心的垦区基本形成规模。

周盛传营田二十余年，培育出名满天下的"小站稻"。小站的稻米外观青色，半透明，有光泽。蒸煮时米香四溢，煮熟后饭粒完整，晶莹玉透，油润明亮，的确是"一家煮饭，四邻飘香"。到今天，小站稻的质量标准亦高于世界名牌稻米，是天津地区的名特产品。

美誉天下第一坊

　　清末民初，天津菜盛行一时，经营规模在大饭庄之下的"二荤馆"，占据了天津餐饮市场半壁江山。时人描述："厨灶在馆之入门处者，行人过其门，不仅闻到烹调之香，且得灶前治菜，铲子敲锅沿花点之奇闻，夹杂着客来客去，馆人迎送之

声，及工作者多人对饭后给与酒钱多寡之不同谢声。
多者声长，可达五秒钟，少者不到一秒。让座时高声
喊'里边请'。座间客人入座后，桌上无菜目价值单，
墙上也不挂菜牌。侍者通名'跑堂的'，肩抹布前来
摆盅筷，接着摆干鲜冷荤碟子，视客多寡定数，少者二，
多者六，问用什么酒。酒至，侍者立报菜名，言连续

如贯珠，多至数十品。客随其言点所用。由酒菜至饭菜，至汤，每每各客各点一菜佐酒，饭菜及汤由请客者点备。酒食毕，侍者收敛餐具，且敛且道名算价，至毕共若干，请者柜上交款，外与酒资。此时侍者高声喊酒资数若干，工作者同喊'谢'，客于谢声中出馆门……"当时"二荤馆"中出类拔萃、盛名一时者，便是有着"天下第一坊"美誉的天一坊。

天一坊坐落于菜馆林立的北门外大街中段，于清光绪五年（1879）开业。其店堂明亮，规模适中，地理位置优越，门前即是通往京师的通衢大道，北距南运河北码头运河户部税收衙门——北钞关不足百米。有钱的富商官宦们出津都要在这里钱行，返津也要在这里接风洗尘。南来北往的客商顺运河而来，落帆系缆，上岸领略津门大都会的风采，一品传统津菜的美味，往往都选择闻名遐迩的天一坊饭庄。天一坊擅长烹调河海两鲜的天津菜，除由其创制的罾蹦鲤鱼之外，还有煎熬花鱼、软熘鱼扇、烩花鱼羹、煎烹大虾、炒青虾仁、酸沙紫蟹、麻栗野鸭、炸熘软硬飞禽、熘雀脯、天津烧肉、汆白肉、熘油盖、油盖茄子

等名菜，按照一年四季不同时令安排菜品。

　　1982 年，天津市对外经济贸易委员会与日本大荣株式会社签订协议，在日本东京开办一家纯正中国餐馆，主营天津风味菜，并以"天一坊饭庄"命名，由津菜烹饪大师杨再鑫领队并任厨师长，率 17 名优秀厨师东渡日本。他们利用日本的物产，以天津菜的烹饪技法烹调出牡丹鲜带子、津式牛排、炸蟹斗、金鱼戏燕、佛手鱼翅等菜品，

征服了日本朋友的胃。日本各大媒体争相采访，杨再鑫通过媒体向日本人民介绍天津菜的历史渊源、风味特色及天津名菜种类，一时津菜驰名东京。日本社会名流

西园寺公一以及大荣株式会社社长，也经常在天
一坊宴请客人。西园寺公一还题写了"味压中华街，
誉满东京都"的赞语。当时在日本大荣株式会社
数十家从世界各地引进的各国风味餐馆中，中国
天津风味中餐馆天一坊成效显著，影响很大。

　　时至今日，天一坊的菜品，依然是天津菜的
代表。可以说，天一坊润养了天津食客的品味，
也给人们留下了天津菜的记忆。

清真饭庄
鸿宾楼好

　　清真菜是天津地方风味菜的重
要组成部分，其在形成与发展过程
中吸收借鉴了天津汉民菜的烹饪技
艺，充分利用天津丰饶的物产，逐
步形成独属于天津地方风味的清真

菜体系。天津清真菜馆分高低两档，民间和行业内习惯称高级饭庄为"羊肉馆"，称普通饭馆为"牛肉馆"。羊肉馆一般规模较大，店堂布置豪华，陈设考究，菜品丰富，既做全羊大菜（全羊席），也烹制河海两鲜，有的还兼营烤鸭、四季时鲜、面点小吃。冯文洵《丙寅天津竹枝词》对清真餐饮业有所描述："清真馆子请君尝，应数鸿宾与会芳。"诗中并称的鸿宾楼与会芳楼，为天津清真大饭庄的龙头。

鸿宾楼创建于清咸丰三年（1853），其名取自《礼记》中的"鸿雁来宾"，牌匾由清代两榜进士于泽久题写，共采用了625克黄金，是名副其实的金匾、金字招牌。鸿宾楼的经营管理方法仿照火遍津门的"八大成"，不仅可以预订成桌宴席，还设有单间、雅座，也可承包外台子。鸿宾楼的菜品山珍海味一应俱全，所制菜肴除宴席大菜之外，还会按照季节的不同推出清蒸鲥鱼、红扒鸭子、扒黄鱼翅等时令菜。肉食以牛羊肉为主，一种肉类可以做出几十种菜，像独具清真特色的全羊、炸羊尾、独脊髓脑眼、黄焖牛羊肉、芫爆散丹、红烧牛尾等，还有独鱼腐、鸡茸鱼翅、金钱虾托等鸡鸭鱼鲜。其中，涮羊肉、清真烤鸭和清真锅贴等菜品，备受食客追捧。到清光绪年间，鸿宾楼的全羊菜已被公认最好。据说，慈禧太后出宫巡游时曾点名要吃鸿宾楼的全羊大菜。后来，慈禧六十大寿时，宫内以鸿宾楼的一百零八道菜的全羊席为她祝寿。

20世纪30年代，名厨宋少山除独创了独鱼腐、独鱼白等清真名菜之外，还创制出含128款菜品的全羊席，一时传为美谈。鸿宾楼以擅烹山珍海味等高级清真宴席而驰

名津门。1934 年，鸿宾楼的东家重金购置现已绝迹的黄唇鱼肚。这块重 920 克、周长 115 厘米、带"小辫儿"的黄唇鱼肚，连同鸿宾楼金匾和一副慈禧用过的象牙筷子，成为鸿宾楼的"镇店三宝"。

1955 年，鸿宾楼整体搬迁到北京，成为国家级接待外宾的餐饮场所。1963 年，郭沫若就餐鸿宾楼时，即席赋藏头诗一首："鸿雁来时风送暖，宾朋满座劝加餐。楼头赤帜红于火，好汉从来不畏难。"盛赞"鸿宾楼好"。

西餐
进津

在近代，西餐很早就进入天津。其时外国商人往来天津甚多，偶尔以西餐招待中国客户，时称西餐为"番菜"。后来中国的达官显贵和受过西式教育的知识分子或是为了尝新，或是出于交际，西餐逐渐成为时尚。随着需求不断增多，西餐业应运而生。

最初西餐店大都设于外国人在租界里开设的旅馆内，最著名的就是利顺德大饭店，吃住兼有。还有专营法式大菜的意租界回力球场，主厨是意大利人，从佐料到主要食材，像整条的鲜沙门鱼均从国外进口，西餐小吃多达几十种，其烹调技艺、服务质量均非其他西餐馆所能及，不仅在国内，在东亚也属上乘，每逢星期六或圣诞节，要想大快朵颐都须预先订座。

最初在津兴起的西餐馆，经营方式普遍灵活，偏高中档，既有份饭和套餐，也可点菜。在天津比较流行的西餐菜品有火腿沙拉、西式泡菜、炸猪排、牛排、奶油杂拌、软炸鱼、意式通心面等，很受中国食客喜爱。

天津人思想开放，观念更新快，西餐初兴时，就有不少开明家庭的红白喜寿宴会选择在别有风味的西餐厅举行。1905年，弘一法师李叔同的母亲过世，丧礼当天，李叔同以西餐招待四百多位来宾。由此可见，西餐在天津地区已是流行开来。

提到天津西餐业，不能不说到起士林西餐厅。它的创始人是德国人阿尔伯特·起士林，他出生于1879年6月11日，年轻时是远洋轮船上的厨师，曾随轮船环游世界。

1906年，阿尔伯特来到天津，在一家希腊人开的饭馆任主厨。不久后便在法租界大法国路（今解放北路）与今哈尔滨道交口附近，开了一间一百平方米左右的小店，名叫"起士林西餐馆"。店里每日现吃现做的新鲜面包和自制的精美糖果，很受顾客欢迎，其精心烹制的拿手菜德式牛扒、罐焖牛肉、黄油乳鸽、红菜汤等更是享誉津门。井陉矿务局德方总办汉纳根与井陉煤矿销售部总经理高星桥颇为看中起士林，将驻守在京奉铁路沿线的外国驻军面包供应订单给了起士林，让起士林的业务量剧增，生意十分兴隆。1913年，阿尔伯特给在德国的好友弗里特希·巴德写信，希望他来天津共事。巴德来后，"起士林"改名为"起士林与巴德"。巴德是面包烤箱制造专家与酿酒专家，他加盟后，纯正的德国啤酒成为起士林一大特色，起士林的生意越来越好。然而有一天，靠近法国公议局的起士林西餐馆，来了两个衣衫不整的法国兵醉酒闹事，法租界官员不但不阻止，反勒令起士林搬迁。阿尔伯特无法，只好在德租界威廉路的光陆电影院（后北京影院，今无）对面重新选址开店。新店营业面积500平方米，改名为"起士

林餐厅"。1933 年，起士林餐厅易主，阿尔伯特的妹夫、奥地利人罗伯特·托比希接手经营，买卖更加兴旺，后又在北京、北戴河开办了分店，1940 年，又在上海南京路开办了分店。1947 年，起士林餐厅作为战败国德国的资产被接管，罗伯特一家被勒令限时离开天津。被接管后的起士林改名为"维格多利"，直到 1949 年才又恢复旧名。

周家食堂
公馆味道

　　清末民初，正值改朝换代之时，一时风起云涌，一个新群体悄然崛起。这些来自五湖四海的权贵新富，独居洋楼，将家乡菜搬到了

天津。他们的饮食风尚对天津餐饮业产生了极大的影响，以致在天津菜系中形成了独具一格的"公馆菜"。

由公馆私厨转变为著名餐馆的，首先要讲的就是享誉津门的周家食堂。周家食堂主人周衡，江苏宜兴人，清末毕业于日本明治大学法律系，归国后于民国初年在司法界任职。后因生性耿直，不与黑暗势力同流合污而愤然辞职，开始挂牌当律师。1935 年左右，周衡来到天津，结识了众多的社会中上层人士，其中尤以银行界的居多。周律师与夫人甚为热情好客，每当有朋友来周家拜访，周家总要留饭，且必然以美味佳肴款待。周衡好美食，对南北方的饮食文化多有研究；太太韩若芬是天津人，谙熟烹调技艺，红案白案皆能，还能结合南北方菜肴的不同特点创出独出心裁的菜品。一时间，周公馆成了天津司法界和社会名流的聚集之地。20世纪40年代末，周家发生变故，经济拮据，陷入困境。在周太太力主下，全家下定决心，腾出自家住房，领取营业执照，于1949年10月18日正式开办了"周家家庭食堂"。食堂开业之初只接受预订，不接待散座，由公馆厨师安筱岩主灶。安师傅祖上曾在御膳房供职，自幼学厨，擅烹淮扬菜中的清炖蟹粉狮子头、拆烩鲢鱼头、三套鸭、清蒸鲫鱼、水晶虾饼、番茄虾球，闽菜中的佛跳墙、通心河鳗、八宝芙蓉蟹、糟溜大肠、红糟香螺、福州丸子、椒麻鸡。安师傅主理周家食堂时，经常与女主人韩若芬切磋烹调技艺，精研天津菜，创制出周家排骨、周家鱼等名菜。周家排骨其实就是红烧排骨，以一整块排骨肉为主料，重油、重色、重糖，颜色鲜亮呈枣红色，瘦不柴肥不腻，甜糯酥烂，咸甜兼具，甘香怡人。周家鱼以活鲤鱼为主料，配以冬菇、冬笋、海米、金华火腿和猪网油，以棉纸盖紧，上锅清蒸，保持鱼的原味与香气；吃鱼时以醋调姜末为蘸料，食之似蟹肉般鲜香。1952年，在广州举办的食品展览会上，周家食堂代表天津风味美食参展，载誉而归。

　　1956年1月，周家食堂更名为"苏闽菜馆"，开始接待散客。京剧名家谭富英、张君秋、裘盛戎，以及相声大师侯宝林等文化名流，曾是周家食堂座上客。梅兰芳在津演出时，也慕名光顾，品尝后连连称绝，并撰文盛赞周家鱼风味不同凡响，一时传为美谈。

素食馆里
味本真

　　素菜馆在天津出现比较早。
1898 年出版的《津门纪略》记述
了两家较有名的素菜馆：真素楼在
老城里鼓楼北，藏素园在鼓楼东。

坐落于大胡同的真素楼，开业于清光绪三十三年（1907），史料记载相对完整，1927年出版的《新天津指南》中有详细记述。时年，天津文人、教育家林墨青提倡吃素食养生，得到天津文化界众多文人的赞赏与支持。后来的真素楼经理张雨田及其子张鸿林响应这一倡导创办了真素楼素食馆，"迨自林墨青提倡素食，一般文人，翕然从之，往该馆就餐者尤多，斯亦闹市中一清净之区也"。真素楼的店堂宽敞明亮，设有雅座，当年有报道说其"设备洁净，价格便宜，经营颇见发达"。真素楼所用油品必是小磨香油，菜品有香菇、冬蘑、莲子、桃仁、木耳、花菜、春笋、腐竹、面筋、腐皮、素鸡、千张、南豆腐、粉皮、绿豆菜、黄豆芽等，还有油菜、菠菜、龙须菜、山药、白萝卜、红萝卜等三十多种新鲜当令菜，通过师傅的精心烹调，仿照荤菜名称，做出名称相同、口味类同、外形神似的素菜，如素食烹制出来的扒三样、扒鱼翅、黄焖鸡块、糖醋鱼等菜品，色、香、味、形，无论哪个方面看，几可乱真；用黄豆芽燀制的雪白浓汤，较鸡、鸭、肉燀制的高汤更胜一筹。尤为引人注目的，是用豆制品做成的鸡、鱼、鸭等模样的菜品，颇具艺术特色，体现了中国传统饮食文化的底蕴。

真素楼技艺高超，别开生面，菜品价格适宜，用料精细，没有一丝荤腥，颇受爱素茹素人士欢迎。不仅晚清翰林、天津著名教育家严范孙为其题写"真素楼"匾额，面积不大的厅堂内还悬挂有众多大家的题联，如晚清二品阁丞、书法家华世奎题联："味甘腴见真德性，数晨夕有素心人"；时任天津教育局局长邓澄波（有文章记述为"邓庆澜"，不知是否为同一人）题藏头联："真是六根清净，素无半点尘埃"；此外还有言敦源、李容之、朱家宝等人的题联。这些题联的内容含蓄深邃、耐人寻味，字体潇洒隽永、各具特色，真素楼因之而增光添彩，领一时素食风骚。

到了民国初年，津门又先后有菜羹

香、蔬香馆、素香斋、六味斋、藏素园、常素园等十余家素菜馆问世，这是天津素菜馆最兴旺的时期。

素食之风亦影响到天津乡村。乡村素席时称"八大豆"，菜品以八大碗或四盘四碗盛放，以豆制品为主，配以时蔬。最常见的菜品有红烩腐皮、炸素卷圈、爆腐丝、素狮子头、炸熘豆腐、焖腐干、炖豆腐条加菜头、脆炸素鸡等，素菜荤做，变化多样，甜汁、糖醋、椒盐等口味都有，与都市酒肆素席素菜别无二致，而且更接地气。

慈禧最爱
津味素

位于老三岔河口南运河边的天
后宫，始建于元代，供奉海神妈祖，
是运河漕工和天津百姓祈求海神保
佑的地方。天津百姓亲切地称呼妈
祖为"娘娘"，供奉娘娘的庙宇，

自然就被称为"娘娘宫"了。据传娘娘有求必应，因此善男信女前来祈拜，不绝于途，很多商家看准商机，在娘娘宫周边开办

起素食店。清朝末年，有一家名叫"真素园"的素食馆，便开在宫南大街娘娘宫对面的一条小街内。真素园主营素包子，薄皮大馅，馅料以豆芽菜为主料，辅料有木耳、花菜、豆皮、口蘑、白香干、面筋、腐乳、麻酱、香油等19种，每个包子捏21个褶，蒸熟后雪白晶亮，素香四溢，且营养丰富，深受吃斋信佛者和广大食客欢迎。真素园所在小街靠近河边，地势低洼，为防止汛期水淹，街内住户便在胡同东口砌一条长石，形如门坎，小街也因此被称为"石头门坎胡同"。为便于食客寻找，真素园便将石头门坎作为地标，后来"石头门坎大

素包"的店名便取代了真素园本名。

天津民间还流传着一个慈禧太后吃素包的故事。据说当年慈禧太后来天津天后宫进香，曾亲临真素园品尝素包，食后称赞："这石头门坎素包比御膳房的还顺口"。于是，沾了慈禧"金口"的"石头门坎素包"，名声越传越广。

饹馇也是运河沿岸百姓习吃的素食品，常见于天津民间素斋素席中。南北运河两岸盛产绿豆、小米，沿岸百姓将二者磨浆混合成糊状，再用铁铛摊成薄饼，然后改刀切成方形或菱形小块，即为"饹馇"。

民众喜食饹馇，居家烹调时加韭黄、绿豆芽、蒜米等辅料，或炒、或熘、或烩、或糖醋烹，各有风味。

关于饹馇名字的由来，还有一个民间传说。晚清朝廷江河日下、内忧外患，上下一片凄风苦雨。一日，慈禧正为缠头裹脑的政务犯愁，望着一道道美馔佳肴，也食不甘味，无心下箸，大太监李莲英急得团团转。这时一道直隶天津进贡的菜品传到案前，慈禧眼前一亮，只见黄灿灿的油炸菱形面片衬着嫩黄的韭黄、洁白的蒜米、丰满挺拔的绿豆芽菜，蒜香、韭香、豆面香混合着油香，直冲鼻端。慈禧忙说："搁这儿。"见老佛爷总算有了胃口，李莲英悬着的心才算落了下来，忙问传膳太监："此菜何名？"小太监想起慈禧刚才的话，灵机一动，答道："搁这儿。"李莲英似懂非懂，反复念叨："搁这儿，搁这儿，炒搁这儿。"从此，一道名菜诞生了。

故事传回天津，成为民间笑谈。好事文人给"搁这儿"正名，于是便有了"饹

炸""咯拃""格炸"等名称。饹馇吃法
多样，较常见的是炸饹馇卷、炸饹馇盒、
蒜香炒饹馇、肉丝炒饹馇、糖醋熘饹馇、
烩饹馇豆腐等。

　　石头门坎大素包与韭黄炒饹馇，在民
间传说中，让慈禧与天津美味素食结下不
解之缘。

讲究仪式感的
天津捞面

天津人吃捞面很讲究仪式感：有朋自远方来要吃捞面，谓之"下车面"；婚嫁要吃捞面，寓意天长地久；庆生庆寿要吃捞面，寓意福寿绵长；最重要的还是大年初二的面，天津民俗，大年初二回娘家，必吃捞面席不可。

大年初二是敬财神的日子，家家进柴进水，因此初二吃捞面的最初含义是为敬财神，张次溪《天津游览志·风俗》中记述："平民人家多不似商号那么热闹，不过照例都要吃一顿羊肉捞面。"

现在，正月初二是已婚妇女回娘家的日子。在这一天，女儿们与家人团聚，和娘家父母说说悄悄话。天津人将嫁出去的闺女尊称为"姑奶奶"，姑奶奶回到家盘

腿坐到最温暖的热炕上，只唠嗑，不需干活。娘家摆出迎长（捞面条）送短（饺子）的团圆捞面席。

捞面席也分档次，高档席面需配炒青虾仁、韭黄肉丝、桂花鱼骨和炒鸡茸鱼翅针；中档席面配熘蟹黄、樱桃肉、木须虾仁和炒三鲜肉；低档席面（即家常配菜）就是糖醋面筋丝、清炒虾仁、肉丝炒香干和摊黄菜（炒鸡蛋）。捞面席还要配上青豆、黄豆、菠菜、红粉皮、白菜丝、黄瓜丝、胡萝卜丝、豆芽菜共八种菜码。每年初二的捞面席，不只吃捞面，还有炒菜，讲究的上烩三丝、全家福、生敲鳝糊。最不济，也要蒜毫炒肉丝、青椒炒肉丝、鸡蛋炒莴笋。多是四碟炒菜，无论高中低档，口味的搭配都有一个讲究，就是以咸鲜为主，但必有一个酸甜口的菜品来调剂。比如低档席的糖醋面筋丝，中档席的樱桃肉，高档席的桂花鱼骨。另外，捞面席标配的三鲜卤，也是档次高低不同，讲究的以海鲜为主，蟹黄、瑶柱、鱼骨、鱼翅、鲍鱼丁、虾仁，样样不落。简单的也要配以熟五花肉片、虾干、香干、面筋。但无论档次高低，都少不了木耳、黄花菜，最后还要淋上鸡蛋液，此即俗话所说：没有鸡蛋还打不了卤子。

天津人吃捞面讲究天凉要吃"锅挑面"，就是热锅挑出面条即刻上桌，以保持面条的温度；天热要吃"过水面"，即煮熟的面条过一下凉水，清清爽爽。吃捞面要用海碗，三分面，七分菜。菜码盖在上面，八种菜码，五颜六色，热闹又好看。过去旧街老巷里，家里遇到红白喜事的，街坊四邻都随份子，主家为表答谢（不随份子也要送，只是晚上不请客席），中午第一锅捞面要全部派送出去。特别是平时来往不多甚至有隔阂的邻居要先送，以此增进或融洽邻里感情。

顶级饺子
初一素

　　天津人把饺子分为荤馅饺子和
素馅饺子。荤馅饺子在除夕的晚上
吃，外出者都要在除夕这天赶回家
吃团圆饭，所以民间把这顿饺子叫
做"团圆饺子"。

除夕晚上吃完团圆饺子，就要准备子夜时分吃的素馅饺子。天津俗谚："三十灯下坐一宿，子夜素饺头一口。"这顿素饺子有讲究，馅料一定要全：以大白菜为主，辅料为香干（老天津卫以孟记酱园的"三水五香豆干"为首选）、素冒（一种油炸豆制品）、面筋、红粉皮、白粉皮、木耳、黄花菜、豆芽菜、香菜、姜末、麻酱、酱豆腐、酱油、香油、盐等，最少不了的是棒槌粿子。经济困难时期，政府为了让百姓们家家过好春节，专供春节的食品中就有棒槌粿子。为了三十晚上这顿素饺子馅，国营早点部从大清早天不亮就开始炸棒槌粿子，直至中午十二点，要保证每个家庭都能买到。素饺子中最具特色的辅料是"长寿菜"（即水发干马齿苋菜，是野菜，夏天摘取，晾干保存，专为除夕夜配初一素水饺馅），既提味，又有保健作用。这顿饺子是天津饺子独有的一个专门品种，名曰"初一素"，馅里可没有鸡蛋、大葱、韭菜、小虾米皮嘛事，因为那是天津素饺子的另一品种——"鸡蛋素"了。

若论年夜饺子初一素的馅料，绝对够不上"顶级"，但是其背后所蕴含的文化乃非一般饺子可比。天津文化学者谭汝为教授认为，年夜饺子初一素具有五重象征寓意：第一，饺子象征新旧交替、辞旧迎新。"饺子"与"交子"谐音，表示新年与旧年在"子时"交替。第二，饺子象征阖家团圆。除夕夜能和家人一起吃饺子，尽享天伦之乐，是人生一大幸事。第三，饺子象征财富。因饺子形似"元宝"，故为金钱和财富的象征，吃饺子可祈祝来年生活富裕、家庭幸福。第四，过年吃饺子还有"验岁""测福"的意义。天津人在除夕包饺子时，为了

讨吉利，会在过年饺子里包进一枚硬币，认为吃到它的人在新年能发财交好运。后因讲究卫生，把硬币改为水果糖了。

第五，饺子象征安定无忧。俗话说："要命的糖瓜，救命的饺子。"旧时天津经商的人多，难免会有债务往来，大年三十讨债的人很多。但按俗例，到了除夕夜煮饺子时，决然不会再有债主登门讨债了。

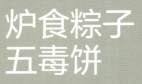

炉食粽子
五毒饼

五月节，也称"端阳节""端午节"。这一天，凡有华人的地方，都要吃粽子。

天津人过端午节也一定要吃粽子，但天津的粽子与外地的粽子有所不同，除了江米粽子之外，还有面粽子和炉食粽子。

江米粽子一般是寻常百姓之家食用。旧时每到农历五月初五，晨曦微启，小孩子从甜甜的睡梦中醒来，第一件事就是直奔厨房。不用问，厨房案几上必定有一口大大的蒸锅，蒸锅内用清水泡着蒸煮好的粽子，系红绳的是红豆馅的，系白绳的是小枣馅的。嘴里吃着粽子，心里想着妈妈前一晚包粽子的情景，香甜在儿女的嘴里，蜜甜在妈妈的心里。

天津的粽子不像江南的粽子馅料多样。小枣粽子多用山东乐陵的红枣（乐陵小枣的特点是枣核极小而甜度高）；豆馅粽子要用天津河北御河边种植的新鲜红小豆，自己在家用红糖糗制。包粽子的叶子有竹叶的，也有苇叶的，用竹叶包出来的粽子有一种特殊的清香，只是这种竹叶产于南方，不可多得，所以天津人多用产自西淀洼或白洋淀芦苇荡的芦苇叶包粽子。

以面食为主的天津人，于端午节之时，各家各户和大小包子铺还会蒸制红糖、白糖为馅，配以青丝、玫瑰、桂花，用白面做皮，外呈三角形的面粽。面粽的蒸制要有一套过硬的技术，需将面发酵至软硬适度，蒸熟后才不酸不粘；馅做得稀稠得当，吃时才不溢不流。过去制作面粽子的店铺，以南门外鱼市西的"杜称奇蒸食铺"最为出名。

旧时天津人端午节走亲访友必送一盒最具天津特色的粽子——炉食粽子。这粽子普通家庭制作不了，需到祥德斋、一品香、四远香等老字号大店买。制作炉食粽子，要经过酥面、子面、制馅、包制、上炉五道工序。只一个上炉，家里就不具备条件，即使是使用铁铛的老式炉法，其对火候的掌控也非行家里手所不能及。炉

食粽子有玫瑰、山楂、澄沙、枣泥、瓜条、桃仁、蜜枣、圆肉等各种馅料，面皮起酥，馅料香甜，虽是应节食物，但也是糕点中的精品。

端午的原义是"恶月恶日"，时值小满和夏至之间，天气炎热，雨水增加，湿热的气候易于毒虫繁殖，故此"五毒尽出"。民间所谓"五毒"一般指蛇、蜈蚣、蝎子、蜥蜴、癞蛤蟆。天津地处北方，湿热程度逊于南方，但应时到节食"五毒饼""五毒糕"的习俗却留传下来。

五毒饼形似月饼或大小"八件"中的白皮点心，只是饼皮上压的图案是蝎子、蟾蜍、蜥蜴、蜈蚣和蛇。传统的五毒饼馅料是玫瑰、枣泥、豆沙等等，酥皮松软，用枣木模具压出图案的五毒饼，形美味美又健康。除了五毒饼，还有五毒糕，五毒糕也称"端阳糕""吉豆糕"，以吉豆（绿豆）为主料，白糖、青梅、桃仁、桂花酱为辅料，制作方法类似糕干，上面打上"五毒"图案的红印，香甜爽口，绿豆香浓郁，有解毒祛热之效。

追着时令走的
传统糕点

天津人吃东西讲究应时到节，
传统糕点铺把握住这一习俗，按时
按节推出美点美食。

　　清咸丰年间，天津城内朝阳观小贩陈二以担挑沿街叫卖元宵为生。陈为人厚道，所售熟汤圆个大馅好，与众不同。每逢他出街售卖，一敲响梆子，相熟的老主顾便应声而出，纷纷购买。天气转暖时陈改卖蒸食、馅烧饼，后又学做糕点。

　　清咸丰五年（1855），陈二在老城里户部街开设了一家糕点铺，取名"祥德斋"。祥德斋制作糕点舍得投料，坚持自磨香油、自碾江米，果料选用湛江桂圆、吐鲁番葡萄干、妙峰山玫瑰花、苏沪及兴隆等处的果脯桃仁，其他辅料如蜂蜜、青红丝、糖馅等均采用上好原料，严格把握工艺，专人掌握温度火候，制成的糕点造型悦目、口味醇美。祥德斋常年供应的京八件每斤16块，各式各味；供果茶食每斤20块，称上二斤，能块块不重样。祥德斋随着季节变化，冬季生产蜜供、年糕、南糖、萨其马；夏季生产绿豆糕、乌梅糕、薄荷糕、凉团、云片糕等；春天藤萝花刚开即赶制藤萝饼。每逢节日，祥德斋也会推出相关糕点。端午节除各式粽子外，五毒饼也有七八种馅；中秋节的月饼有京式、广式、改良、百果提浆、酥皮等品种，还会应顾客要求订做五六斤重的提浆大月饼，供拜月之用；正月十五上元节，除各种传统馅料元宵之外，还增加南味梅干菜白糖馅元宵，"有极浓霉香"，为津门首创。

清真糕点店桂顺斋，创办于1924年，老板刘珍的合作人李焕章对京味小吃颇有研究，做点心讲究真材实料，擅长清真素果炸活。桂顺斋平日里除经营汤圆外，兼营秫米粥、麻酱火烧、白糖火烧（亦称堆儿饽饽）等甜食。1926年，刘珍、李焕章从北京聘来三位制作宫廷甜食的高手，制作具有独特风格的京式糕点，至此桂顺斋的小吃及糕点品种日渐增多，有满汉饽饽、萨其玛、白蜜麻花、蜜供、排叉等品种。这些糕点做工精细、小巧玲珑、真材实料，具有酥、香、松、绵、软、亮、甜等特点，色香味俱佳，受到人们赞誉。像宫廷萨其玛采用蛋黄和面，将面团切成细丝，先用清油小火炸熟，再用蜂蜜、砂糖制糖浆，堆制成块，同时加青梅、葡干、瓜仁等优质辅料，做成后讲究"飞毛乍翅""堆山起窝"。桂顺斋最为津门父老津津乐道的还属其兴业起家的什锦汤圆。桂顺斋什锦汤圆选优质江米，自己加工精碾成粉，仿宫廷风味，以桃仁、芝麻、果仁、松仁、葡干加各种鲜果、蜂蜜调制，除传统的红糖、白糖、橘子、香蕉、菠萝、红果、可可口味外，后又增添麻酱、黄油、枣泥、豆沙等近15个品种。做成的汤圆外观细白，入口滑爽，具有绵、黏、香、甜的独特风格。

让人记忆深刻、念念不忘的桂顺斋大灶锅煮汤圆，每当朔风凛冽、天寒地冻之时，和平路北头的桂顺斋食品店内便蒸汽缭绕，一张张方桌前，挨挤而坐的食客，人手一大碗热气腾腾的汤圆，暖心暖胃，甜蜜之情溢于言表。

各有绝活的
天津包子

曾任天津狗不理集团公司董事长、总经理的中国烹饪大师赵嘉祥，他总结天津包子的特点是："好吃的包子叫水馅，半发面儿、菊花褶儿、抓鬃顶。狗不理包子是水馅，陈傻子包子用大料瓣，同义成的包子用五香面儿，叉烧包子像鸭蛋儿……"这段语说出了天津包子的各有千秋。

　　1898 年刊行的《津门记略》中记载："大包子，侯家后狗不理；小包子，鼓楼东小车。"鼓楼东小车的小包子已无从查找了，而狗不理包子流传至今。狗不理包子铺紧挨着三岔河口，创始人高贵友，小名狗不理，13 岁学徒，19 岁创业，自创水馅半发面的技法。水馅就是选用肥瘦 3 ：7 比例的鲜猪肉剁成肉末，将用猪骨、猪肚制成的高汤和上等酱油，分多次徐徐搅入猪肉末里，再放香油和姜葱末，调出稀软适度的馅料。半发面是将一定比

例的老面肥与面粉、清水和匀，待面肥花
拱起时，再兑碱搋透，面团搓条，下剂，
擀成皮。半发面的包子皮不透油、不掉底，
柔韧而有咬劲。20 世纪 30 年代，普通猪
肉包子铺每个包子卖两个大铜元，狗不理
则特别便宜，每个包子只卖一个大铜元，
大小与别处两大枚的一样。别的包子铺很
少用猪的"正身"做馅，只从肉铺买些拆

骨碎肉，而狗不理包子馅却都是成块的"肉丁"，里面没有难嚼的筋肉，因此，狗不理包子铺遭到同行妒忌，被人散布谣言，借狗不理之名污其包子肉馅"掺有狗肉，为狗所不理"，结果这谣言不但没有抹黑狗不理，反倒让狗不理名声大噪，好奇者络绎不绝，纷纷来品尝。

1912年后，天津商业中心开始向南门外大开洼转移，逐渐形成"南关市场"，人们简称为"南市"。南市东兴街上有家同合成包子铺，制作包子时先将肉皮炖烂再切小碎块，然后肉汤放凉成冻子切丁，用香油拌馅，撒虾子、蟹子。包子形状呈菊花褶、抓鬏顶，十分美观。1931年，包子铺股东分家，原股东陈宝善长子陈晓亭改变经营模式，同样价钱每个包子比别处重一钱，自挂招牌"陈傻子肉皮包子"。

1917年，南运河裁弯取直，贴近老三岔河口的一段南运河填平后，形成"老鸟市"市场，影院街西口的三合成包子、保发成包子、德发成包子成三铺鼎立之势。据说三合成包子铺的何继汉每天能刀剁肉馅百多斤，瘦肉剁成绿豆般小丁，肥肉剁成黄豆大的丁，搅成水馅，包子褶花匀称，每只15至18个褶。

北门外的一条龙包子铺，只一间门脸，进深却有十间房，每间屋顶置电灯，迎面靠山镜照映下，宛如一条灯火长龙，时人称为一条龙包子铺。一条龙包子铺的包子，肉馅用整片猪肉加工，馅中加适量大料粉、酱豆腐、面酱、香油，肉包子中隐约透出素香。如果堂食，包子铺还会附赠口味清香的韭菜蒸饺，让食客十分惊喜。

东门外大街口有家羊肉包子铺叫恩发德。老板时恩庆开始是摆摊卖蒸包子，发家后建起三层楼，楼座仅一间门脸的占地面积，被人戏称"一间楼"。恩发德由老师傅把关，负责打馅、兑碱、上蒸屉等流程，包子馅按传统四季做法，选肥羊肉与应季新鲜时蔬，精心调味，做成鲜嫩味美的包子，一咬一兜油。

法租界海河边马家口的同义成永胜包子铺，老板王成海高价聘狗不理的伙计郭品生当领班。包子品种有肉皮包、韭菜包、豆沙包、三鲜包、素包等。夏天做锅贴，卖稻米绿豆稀饭；冬天蒸羊肉包，卖小米绿豆稀饭。还特聘明顺昌酱菜园师傅李作章制酱菜配稀饭，成为包子铺一大特色。

同一时期蜚声津门的包子铺，还有小伙巷张官牛肉包子、日租界旭街林风月堂羊肉包子、北门外大街半间楼包子、南门鱼市老街卢三包子、劝业场后身宏业饭馆叉烧包、五福楼油炸扬州包、唐家口地道外的张记包子……

手信必选
大麻花

中国是礼仪之邦，朋友往来互相馈赠礼品，引为常事，所谓"礼尚往来"是也。这往来之"礼"，即为"手信"，也称"伴手礼"。

所谓"千里送鹅毛，礼轻情意重"，礼品礼物不在于贵重，讲究随心、随意、随时、随地、随手，且具有地方特色。桂发祥夹馅什锦大麻花以好吃不贵、久放不绵不艮、携带方便而成为天津人外出送礼之首选。美观又美味的大麻花寓示着友谊绵长持久、愈拧愈紧。

各地都有麻花，像天津大麻花、崇阳小麻花、北京脆麻花、稷山麻花、伍佑麻花、大营麻花等。依口味分，麻花有甜口、咸口，还有酥脆、焦脆、爽脆、油酥之分。但万变不离其宗，无论哪一种麻花都是"绳子头"状，故麻花又有"铰链棒""油绳"的别称。百年前的天津麻花与各地麻花大同小异，用两三根白条拧在一起不捏头的叫"绳子头"，两

根白条加一根麻条拧在一起的叫"花里虎"，两三根麻条拧在一起的叫"麻轴"。天津十八街的什锦夹馅大麻花，是麻花中的精品，闻名遐迩。

天津的桂发祥十八街麻花诞生于1927年，创办者叫刘老八。一百多年前，在天津卫海河西侧的东楼村，有一条名为十八街的巷子，巷子里住着一个精明的手艺人——刘老八。刘老八出身面点世家，深得祖上真传，身怀面点制作绝技，尤其他炸的麻花"花里虎"最受欢迎。因为刘老八的麻花真材实料，选用精白面粉、上等清油，很多人会慕名而来，基本到上午10点多钟麻花就卖完了，到下午刘老八就要开始准备第二天炸麻花的原料。有一天将近中午的时候，有几个人来敲门，非要吃刘老八的麻花，并扬言吃不到就把铺子给砸了！可炸好的麻花已经卖光，盆底也仅剩了一点面，实在是难住了刘老八。忽然，他想起家里有刚买的二斤带馅点心，于是他便把剩下不多的面搓成五根不带芝麻的白条、两根带芝麻的麻条，然后把点心馅包裹在中间放进锅里炸，炸出来的带馅儿麻花酥脆可口，让来挑刺儿的客人吃美了。一场风波就此平息，而刘老八也就此开发了一个麻花新品——夹馅麻花。后来，刘老八经过不断探索和改进，了解顾客的需求，在馅料里增加了桂花、闽姜、桃仁、瓜条、青红丝等十几种小料……把馅做得越来越丰富，使夹馅麻花有一种复合的香味，命名为什锦夹馅大麻花。什锦夹馅大麻花让刘老八的麻花铺名声远扬，于是，刘老八就给自己的铺子起了个字号，叫做"桂发祥"，寓意为"桂子飘香，发愤图强，吉祥如意"，因它坐落在东楼村十八街，因此人们也叫它"十八街麻花"。现被誉为津门三绝之一的桂发祥十八街麻花，以香甜酥脆、久放不绵的特点享誉津城、蜚声海外。2014年，桂发祥十八街麻花制作技艺入选国家级非物质文化遗产代表性项目名录。

耳朵眼里
出炸糕

耳朵眼炸糕

　　天津炸糕从什么时候开始出现已无据可考，但有一家专营炸糕的名店倒是来历清楚。耳朵眼炸糕，天津小吃"三绝"之一。清光绪十八年（1892），天津人刘万春做买卖卖炸糕，小推车上挂"回族居民刘记"木牌，在北大关、估衣街一带现炸现卖。1900年，刘万春与外甥张魁元合伙，在北门外大街租了一间八尺见方的脚行下处（搬运工办事和休息的地方），挂上刘记招牌，干起了炸糕铺。一家炸糕名店就此诞生。

　　刘万春的炸糕用料讲究。他选用的是北运河沿岸杨村、河西务和子牙河沿岸文安县、霸县出产的黄米和江米作为面皮原料，江米、黄米用水浸泡，再用石磨磨成米浆，盛在布袋中；用石头压出水分，装盆发酵，兑碱揉匀再下剂。经水浸泡的江米、黄米比干磨面颗粒更加细腻，口感更好。豆馅则用天津本地出产的朱砂红小豆，这种红小豆皮薄、沙细、口感好，加上优质红糖，在锅内熬制后再炒成豆馅，晾凉后做馅心。

一个炸糕用二两至二两三钱①的面剂做成扁圆面皮，裹入七至八钱的豆馅，收口，轻压成扁球形，下130℃热芝麻油中炸，勤翻勤转，至两面金黄即成。刚出锅的炸糕颜色金黄，外皮酥脆不艮，内里柔软黏糯，色、香、味、形俱佳。咬一口，黄、白、黑三色分明。黄的是炸成焦黄色的外皮；白的是江米皮，有嚼头，不粘牙；黑的是甜甜的豆馅（不是豆沙馅）。金黄色的炸糕表皮上布满疙瘩刺，行话称为"爆刺儿"，炸糕起刺儿之说，即由此来。

刘记炸糕生意日渐兴隆，商家富户、普通百姓过生日、办喜事，都愿意买"炸糕刘"的炸糕，借"糕"字谐音，取步步高之吉利。买炸糕的人多了，甚至需要提前预订，炸糕店因此名声大噪。刘万春后将炸糕店改名"增盛成炸糕铺"，人称"增

———————
① 钱，市制单位，1钱等于5克。

盛成""炸糕刘"。因炸糕店紧靠一条只有一米来宽的狭长胡同——耳朵眼胡同，人们便风趣地以"耳朵眼"称呼刘记炸糕铺。天长日久，"刘记""增盛成"的字号被人淡忘，而"耳朵眼炸糕"却不胫而走，遐迩闻名了。

中华人民共和国成立后，耳朵眼炸糕作为特色精品小吃，摆到国宴上招待外宾。现在，耳朵眼炸糕增加了更多的品种，有黑芝麻馅、紫薯馅、桂花馅、红果馅、木糖醇豆馅等，口味丰富，顾客可随意挑选。

吃耳朵眼炸糕有讲究，得趁热吃，要放凉了再吃，味道会大为减色。有人把炸糕带回家，放微波炉里加热，炸糕的酥脆感全无；还有人将热炸糕用食品袋盛装，捂住热气，成了"油糕"。在炸糕店窗口外端纸袋趁热吃的人，那才是真正的"吃主儿"。

运河漂来的
杨村糕干

　　明永乐年间，朱棣迁都北京。
为繁荣京畿地区的经济，朝廷动员
南方百姓北迁，民间称之为"随龙
北上"。移民大军中，有浙江余姚
的杜金、杜银两兄弟带家人顺运河

一路向北，来到北运河边的水旱大码头杨村，见此处"野水千帆集，人声沸暮烟。楼台两岸寺，灯火一河船"，一片繁华景象，便决定落户于此。

浙东地区民间有使用晚粳米制作年糕的习俗，俗称"大糕""夹糖大糕"，口感细、滑、韧。杜家兄弟定居杨村后，便按照浙东制作米面发糕的方法碾米磨面，掺兑白糖，蒸制发糕。由于他们做的发糕松甜可口，价格便宜，人们争相购买。特别是运河漕船上的江浙地区船工，为在千里之外吃到家乡的美点，更是竞相争购，杜家买卖越做越红火。一天，杜家的二儿媳因孩子搅闹，蒸糕时一不留神往灶里多添了一把柴禾，把锅烧干了，发糕结了一层糊巴。兄弟俩觉得弃之可惜，便小心地将糊巴揭去，不想发糕竟散发出一股干香味。试着一卖，买主都说比平常做的更加好吃。兄弟俩从中受到启发，以后便在蒸发糕时多添一把柴禾，蒸出的发糕干松香甜，人们称之为"糕干"。杜氏后人不断改进制作工艺，糕干不仅口味越来越好，而且外观洁白，十分美观。真正的杨村糕干不粘牙不掉面，绵软筋道，松软适口，风味独特；若是冲水成糊，更易消化，有开胃健脾的功效，非常适宜老年人和儿童食用。传至清代，杨村糕干店铺规模越来越大，不仅办成前店后厂，还起了堂号，仅杜姓就有万全堂、万胜堂、万源堂、万顺堂等二十余家。据《武清县志》记载，清康熙皇帝南巡，三次驻跸杨村行宫，武清县令每次都奉上杨村糕干。皇上曾召见杜氏六代传人——万全堂掌柜杜馥之，称赞糕干"开胃健脾，不亚茯苓"，许杜氏专卖专利，并将糕干列为贡品，永不停业，"茯苓糕干"之名不胫而走。乾隆路过

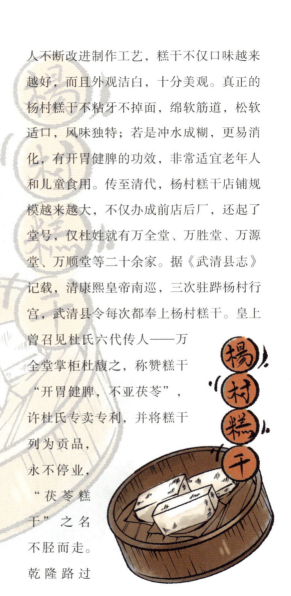

杨村时曾品尝杨村糕干，御笔赐字"妇孺恩物"，并赏赐龙票一张，可以凭票购买官价白米。1915 年，万全堂糕干在巴拿马万国博览会上荣获"佳禾"铜质奖章，杨村糕干从此走向世界。

　　顺运河漂来的杨村糕干，已有几百年历史，雍阳杜氏家谱有详细记载，它应该是天津地区仅存源自明代且有据可查的著名小吃了。

煎饼馃子
嘎巴菜

　　天津地区盛产绿豆，特别是南运河两岸种植的绿豆，颗粒大而饱满，皮薄面沙，口感极佳。勤劳的天津人以绿豆为原料，改造外来传统食品，创制出许多天津特色美食，其中，以煎饼馃子和嘎巴菜最受津门父老喜爱。

制作煎饼馃子时，先将绿豆用石磨粗磨，浸泡后，将浮在水面的绿豆皮捞出来，再用石磨将去掉皮的绿豆加水细细研磨成糊状，放香料摊成煎饼，再磕上鸡蛋，既增强了营养，又使颜色黄绿白相间，美观诱人。这样的绿豆煎饼柔韧光洁如软缎，豆香宜人。好煎饼的标准是：不糊不粘，不碎不散，外形整齐，薄厚均匀。早年在天津学艺成名的相声大师侯宝林先生很爱吃煎饼馃子，后来他到天津演出时还上街寻找煎饼馃子，一尝旧时美味。菊坛名净裘盛戎先生常在中国大戏院演出，压轴大戏谢幕后，他必到戏院门口来一套煎饼馃子，方才圆满。

据说清朝末年就有煎饼馃子了。生于1887年的天津名士陆文郁曾作《咏煎饼果子》（"果子"即指"馃子"）诗一首："绿豆糜煎饼一张，嫩葱甜酱抹来香。油条包入成长卷，或覆鸡蓉

艳得双。"并自注写道："煎饼果子有时入鸡蛋，双层香味，在咀嚼上快美异于寻常之无鸡蛋者。余幼年此种做法只正月节天后宫有卖者，后较普遍。此早点中之考校者也。"

天津卫有句老话说："先有煎饼馃子，后有嘎巴菜。"过去，天津煎饼馃子摊有摊碎不成形的煎饼舍不得扔掉，积攒下来，学山东人煎饼汤的做法，浇上卤汁，留给自家饱腹。这种将碎煎饼泡在卤汁里的吃法，后来就成了嘎巴菜。嘎巴菜也有各式各样的民间传说，比如乾隆南巡路过天津吃嘎巴菜，给"大福来"赠名；还有如贫穷的大娘用嘎巴菜救济穷书生，书生功成名就报答一饭之恩，等等。现在嘎巴菜的做法是用八分上等绿豆混合二分小米或大米磨面调糊，摊成煎饼后，再改刀成六厘米长、一两厘米宽的柳叶条。制卤汁分两步：第一步将葱、姜、香油炝锅，炸香菜梗至焦黄色，再加入面酱、酱油、八角粉，开锅即成调味卤料；第二步烧清水加大盐搅拌，待大盐溶化倒入卤料，开锅后下姜末、五香面、大料瓣，最后用上好团粉勾芡制成汤卤。吃的时候，嘎巴菜放入汤卤略微浸泡搅拌，盛于碗内，不黏不散，既松软又筋道。碗上面放碧绿的香菜末、棕黄的麻酱、粉红的酱豆腐汁、鲜红的辣油、黑亮的炸卤豆干丁等小料以调味调色。一碗嘎巴菜五颜六色，咸香醇厚，香菜、八角味道扑鼻，特别是用洗面筋时洗出来的浆粉打的汤卤，黏稠适中，浸润着嘎巴，不糗不澥，令人齿颊生香，回味绵长。

天津地方话状物精准，"嘎巴"是面制品，多指熬玉米面粥或棒渣粥时结于锅底的硬壳；而"锅巴"则指用铁锅焖米饭时锅底的一层硬壳。二者不可混淆。

面茶与
茶汤

　　天津面茶是清真早点名品之一，主要原料是纯糜子面。天津面茶精品中之精品，非"上岗子王记面茶"莫属。其传人王忠诚说："上岗子面茶是从我太姥姥手里传下来的。我爷爷王长溶接了他丈母娘的班。"王长溶是有名的练家子，一身好筋骨。他在每天凌晨要先把预先泡涨了的糜子米用小石磨磨成糨糊。这种手工磨制，力量均匀、

速度适中，磨出的糜子面醇香，不像电磨磨的糜子面有点儿焦糊味儿。大锅大火将水烧沸，加入盐、碱熬一会儿，将糜子面糊调稀，往水翻花的地方浇，要一直保持水翻花，边浇边搅。最后用细火慢熬十来分钟，至糜子面成粥样，封火保温。成型的面茶色泽淡黄、稠稀适中、咸淡适口，糜子独有的香气，混着芝麻盐、芝麻酱的浓香扑鼻而来。熬制面茶定型，有一商家不外传的独门秘技，就是在适当的时候放入适量的姜汁。另外，面茶用的麻酱要用小磨香油调稀，千万不能用水调制。面茶用的芝麻盐也有讲究，制作前，芝麻要用开水烫透，捺打脱皮成芝麻仁后才能炒制，在快炒熟时加入精盐，炒干水气，以香气尚未外溢为刚刚好，此时取出擀压成末，制成芝麻盐。这样的芝麻盐，在热面茶的烘托下，香气才开始外溢。单闻芝麻盐不香，而手托面茶碗，临近口边，则芝麻香气扑鼻。售卖时，要将面茶盛入经过凉水浸泡过的碗中，以免面茶挂碗。盛好面茶，先撒一层厚厚的芝麻盐，再淋上一层麻酱，这叫"单料"；先盛半碗面茶，撒上一层芝麻盐，淋上一层麻酱，然后再将面茶盛满，再撒上一层芝麻盐，淋上一层麻酱，叫"双料"。吃面茶也有讲究，不动筷子不动勺，左手五指托碗，将碗送至嘴边微微倾斜，将面茶轻轻吸入口中。待面茶吃到一半时，右手持棒槌馃子，将吃剩下的半碗面茶轻轻推顶，不使面茶挂碗。同时，用棒槌馃子清理挂到嘴边的麻酱和芝麻盐。吃完面茶，要碗光、嘴光、手光。

茶汤传入天津时，主料也是用糜子面，自天津著名的"马记茶汤"创始人马福庆开始，改用秫米面（即高粱米面）加少许糜子面，用翻滚的开水将其冲成糊状。马记茶汤原料选用天津运河沿岸种植的红高粱，这种高粱磨成面，面细抱团，黏紧不散，一碗冲好的茶汤，倒扣于案上，不溢不流，人称"扣碗茶汤"。冲茶汤用的是一把装饰精美的龙嘴大铜壶，师傅拉开架势，左手分开五指托住盛好面料的碗，如托保定大铁球，呈海底捞月势；右手呈怀中抱月势，稳稳地将壶慢慢倾斜，一股沸水如注般冲入碗中，不洒不漏，刹那间水满茶汤熟。而龙嘴两侧探出龙须尖端的两个红绒球，则随着冲茶汤的动作颤动不已。一碗标准的茶汤要放入红糖、白糖、青丝、红丝、桂花酱、麻仁、松仁、桃仁果脯、葡萄干、京糕条等五颜六色的配料，用特制小铜铲舀着吃，这样的茶汤香甜滑爽，极为可口。

糖堆儿甜
栗子香

秋风送爽、层林尽染时节，天津北部蓟州的大山里，红红的山楂挂满树枝，栗树下也堆满了毛栗子。每逢此时，人们便常常念叨一首流传于天津坊间的竹枝词："人参果即落花生，丁氏糖堆久得名。咏物拈来好诗句，东门之栗本天成。"

"糖堆儿"这个叫法唯天津卫独有。天津糖堆儿从形式上与其他地方也有所不同。北京糖堆儿叫"冰糖葫芦"，一般没有糖飞边，即俗称的"糖飞子"，也叫"糖风"，指糖葫芦顶上薄薄的一片糖。天津糖堆儿讲究模样和口感，手艺"潮"的师傅熬制出的糖稀不过关，蘸出的糖堆儿疲软粘牙；而手艺精湛的师傅蘸出的糖堆儿果满鲜亮，甩出的糖风纯净透明，又脆又不粘牙，做到了拿着不粘手，掉地不粘土，放羊皮袄上不粘毛，吃起来不煳不焦，香甜可口。

想当年，天津卖糖堆儿最出名的是老城北门外丁大少糖堆儿。丁大少丁伯钰，京杭运河天津钞关税房承办第八代掌门，家境富足，因爱吃糖堆儿，遍访京津，遇老北京九龙斋的王五爷，得到亲传蘸糖堆儿的绝活。丁大少学成后还开发出薰枣糖堆儿、海棠果糖堆儿、琥珀核桃仁糖堆儿等新品种。特别是蘸"老虎头"的糖堆儿，将红果切开，在切面上抹上豆馅，配上瓜条、京糕、核桃仁等，摆成老虎的鼻子和脸，再用葡萄做眼睛，做成的糖堆儿呈虎头样，好吃又好看。丁大少制售糖堆儿二十多年，一直供不应求，堪称天津糖堆儿业鼻祖。现在的天津大糖堆儿，更是花样翻新且形成系列，其中夹馅（什锦）糖堆儿独具特色。它是用优质红豆加红糖糗成豆馅，加入玫瑰酱、桂花酱，填在红果切口上，再在豆馅上嵌入核桃仁、瓜条、京糕，摆成蝴蝶形、花形，有的还加一个金橘饼，以丰富口感。

吃了糖堆儿，还要吃糖炒栗子。栗子分油栗和板栗两种。油栗个头稍小，是天津做糖炒栗子的首选。蓟州是天津的后花园，也是糖炒栗子的主要供货地，漫山遍野的栗子树却满足不了天津的需求。再往北，河北遵化、迁西的栗子与蓟州的品种相同，便成了天津糖炒栗子的第二货源地。栗子一运到天津市区，满大街立起"现炒现卖"的招牌，店前行灶上斜放大锅，侧面翘起一节短烟囱，小伙计挥动着平板铁铲，把淘洗干净的粗砂子和油栗一起翻炒。为使炒出的栗子表皮光亮，又甜又面好脱皮，在翻炒中间要加入稀释过的饴糖。饴糖热砂的甜香伴着焦香，弥漫于街头巷尾，路人闻香识"栗"，纷纷围拢过来，捎上一斤二斤的回家。天津人爱吃糖炒栗子，会吃糖炒栗子，个个是品鉴糖炒栗子的行家。栗子皮要薄，要脆，指甲轻掐即开；栗子肉要甜，要面，入口轻磨即化。糖炒栗子得趁热吃，剥开壳，热气弥漫，香甜直沁心脾。

天津栗子驰名海内外，日本、澳大利亚及东南亚国家各大城市的唐人街，"天津甘栗"的招牌幌子随处可见。"栗子"和"天津"在世界各地联袂亮相。

果仁张
与崩豆张

要说天津休闲类传统小吃，广受欢迎的还要数果仁张和崩豆张。

天津名小吃果仁张当年是宫廷御用品，如今也是中华名小吃。创始人张明纯隶属镶黄旗，祖上为宫内御厨，随清军入关。张明纯家传手艺，也入宫为厨。他好钻研创新，在果仁上下了大功夫。几经摸索，张明纯创制出带斑纹的虎皮花生仁、晶莹柔润的翡翠薄荷榛子仁、鸡心状的奶香杏仁、琥珀桃仁，还有净香花生仁、奶香花生仁、椒盐花生仁、乳香花生仁等各色果仁小吃。他做的果仁自然显色，甜而不腻，香而不俗，色泽悦目，酥脆可口，品之回味无穷，且久储不绵。皇帝享用各色果仁，胃口大开，龙颜大悦，遂赐他"蜜贡张"的封号。其子张维顺子承父业，顶着"蜜贡张"的封号，仍为御厨，得到慈禧太后的赞赏，称张维顺的各色果仁为美味小吃。第三代传人张惠山离开宫廷后，落脚天津，在山西路创办了真素斋，主营各色果仁。店内盛放果仁的瓷盘都是宫廷之物，美食配美器，为真素斋平添了几分大气与神秘，且果仁独特的口味品质也吸引了人们竞相购买，除自食外，还可馈送亲友，真素斋一时真素斋名声大噪。久而久之，天津人叫顺口的"果仁张"名号便取代了，名满津城。果仁张第四代传人张翼峰又将花生仁、核桃仁、杏仁、榛子仁、瓜子仁、腰果仁、松子仁演绎出更多品种。如今，果仁张先后研制出国内外首创的挂霜系列花生仁五十余种，各种口味应有尽有，琳琅满目。

同样源自清宫的崩豆张，创始人是清嘉庆末年御膳房厨师张德才，他悉心研究，精心实践，制成多种豆类风味干货，如煳皮正香崩豆、豌豆黄、三豆凉糕及果仁、瓜子等。在佳节喜庆宴会时，他还为宫廷制作了九龙贡寿、麻姑献寿、龙凤呈祥等特种贡品。尤其是煳皮正香崩豆，制作工艺尤为繁复，是在铁蚕豆的基础上，用外五香料（桂皮、大料、茴香、葱、盐）、内五香料（甘草、贝母、白芷、当归、五味子），以及鸡、鸭、羊肉和夜明砂等精心炮制的"黑皮崩豆儿"，外形黑黄油亮，犹如虎皮，膨鼓有裂纹，但不进砂、不牙碜，嚼在嘴里脆而不硬，五香味浓郁，久嚼成浆，清香满口，余味绵长。这种全新的"黑皮崩豆儿"得皇帝赐名为"煳皮正香崩豆"，一时风靡宫廷内外。清咸丰年间，第二代传人张永泰兄弟举家迁到天津，传承到第五代张福全、张祯全等五兄弟。几辈传承，崩豆张各种崩豆花样翻新，有煳皮五香崩豆、去皮甜崩豆、去皮夹心崩豆、豌豆黄、三豆凉糕、冰糖奶油豆、冰糖怪味豆、儿童珍珠豆、去皮麻辣崩豆等16大类26个品种，分上、中、下三个档次。崩豆成了人们茶余饭后消食克滞的休闲小食品。

果仁张、崩豆张在天津兴盛百年，给几代天津人心中留下了美好的记忆。

阅读天津·津渡

HOW TO READ TIANJIN
FERRY CROSSING

后记

　　1404年12月23日，天津筑城设卫，是中国古代唯一拥有确切建城时间的城市。2022年，她即将迎来618岁生日。

　　孟夏时节，风暖蝉鸣，我们一众出版人齐聚一堂，筹划出版"阅读天津"系列口袋书，旨在贯彻新发展理念，挖掘地域文化，突出趣味性、故事性、通俗性，以"小切口"讲好天津故事，反映新时代人民心声，为城市献上一份贺礼。大家各抒己见，同一座城市却有着不同的关键词：海河岸广厦高耸，滨江道游人如织，这是一座"繁华"的城；古运河舟楫千里，天津港通达天下，这是一座"开放"的城；老城厢幽静雅致，五大道异域风情，这是一座"包容"的城；相声茶馆满堂彩，天津方言妙趣生，这是一座"幽默"的城……

　　倘若一座城市内部千篇一律，必然乏善可陈。不同的关键词，恰好表明天津城市图景具有多样性和丰富性，蕴藏着广阔而灵动的书写空间。然而，究竟从何处下笔为好？

141

我们又陡觉茫然。

　　著名作家冯骥才先生曾说："评说一个地方，最好的位置是站在门槛上，一只脚踏在里边，一只脚踏在外边。倘若两只脚都在外边，隔着墙说三道四，难免信口胡说；倘若两只脚都在里边，往往身陷其中，既不能看到全貌，也不能道出个中的要害。"

　　想来颇有道理，大家要么是土生土长的老天津人，要么是迁居多年的新天津人，早已"身陷其中"，真有必要迈出门槛，重新"远观"这座熟悉的城市。远观之远，非空间之远，乃心理之远。于是，我们计划伴装游客，尽量卸下自诩熟稔的"土著"心态，跟随熙熙攘攘的旅人，再次探寻天津。

　　漫步五大道，各式各样的洋楼连墙接栋，百年前多少雅士名流、政要富贾寓居于此。骑行海河畔，一座座桥梁飞架两岸，一桥一景，风格各异。游逛古文化街，泥人张、风筝魏、崩豆张等天津特产琳琅满目，坐落街心的天后宫庄严肃穆，漕运兴盛时水工船夫在此会聚求安。徐步杨柳青，古镇曾经"家家会点染，户户善丹青"，年画随运河水波，销往各地。落座津菜馆，罾蹦鲤鱼、煎烹大虾、清蒸梭子蟹、八珍豆腐，"当当吃海货，不算不会过"道出天津人对河鲜海味的偏爱。驱车观海滨，天津港货船繁忙，东疆湾海风拂面，大沽口炮台遗址见证了中华民族抵御外辱的不屈意志，被称为"海上故宫"的国家海洋博物馆收藏着无穷的海洋奥秘……

　　数日游走，一行人深感伴装游客也是一件力气活儿，哪怕再花上三五天也游不完这座城。旅途的尾声，我们选择登上"天津之眼"摩天轮，将大半座城市的繁华尽收眼底。座舱缓缓升至最高处，眼前的三岔河口正是海河的起点，所谓"众流归海下津门"，极目远眺间，心中豁然开朗！"举一纲而万目张，解一卷而众篇明"，近在眼前的海河不正是那"一纲""一卷"吗？上吞九水、中连百沽、下抵渤海，我们数日以来的足迹，似乎从未远离过海河！

从地图上看，海河水系犹如一柄巨大的蒲扇铺展在大地上，其实她更像是这座城市庞大而有力的根系，将海河儿女紧紧凝聚——城市依河而建，百姓依河而聚，文化依河而生，经济依河而兴。

经过反复讨论，我们决定推出"阅读天津"系列口袋书第一辑"津渡"，以海河为线索，串联起天津的古与今、景与情，讲述海河历史之久、两岸建筑之美、跨河桥梁之精、流域物产之丰、沽上文学之思……

众人拾柴火焰高。在出版过程中，感谢中共天津市委宣传部的谋划和指导，践行守护城市文脉的责任担当，鼓励我们打造津版好书；感谢冯骥才、罗澍伟、谭汝为、王振良先生，为我们指点迷津，完善策划方案；感谢"津渡"的每一位作者、插画师、摄影师、设计师，付梓之时，更觉诸位良工苦心。

最后，感谢抚书翻看至此的读者！甲骨文的"津"，字形像一人持篙撑舟，我们也期望"津渡"犹如一叶扁舟，载着读者顺水而下，遍览一部流动的城市史诗！

"阅读天津"系列口袋书出版项目组

2022 年 9 月